非都市设计

Besides Urban Design

中国建筑学会室内设计分会 编

·北京·

内容提要

本书关注都市之外的设计，阐述乡村建设的过去和未来，讨论乡村建设面临的机遇和挑战：展现设计名家人物风采；聚焦具有主人文化的民宿设计；体现建筑和室内设计学术成果，倡导绿色设计理念，分享传递设计心得和行业动态，为行业发展提供借鉴参考。

图书在版编目（CIP）数据

非都市设计 ： 中国室内 / 中国建筑学会室内设计分会编. -- 北京 ： 中国水利水电出版社，2017.9
ISBN 978-7-5170-5838-0

Ⅰ. ①非… Ⅱ. ①中… Ⅲ. ①室内装饰设计一研究 Ⅳ. ①TU238.2

中国版本图书馆CIP数据核字(2017)第226560号

书　名：中国室内
非都市设计 FEIDUSHI SHEJI
作　者：中国建筑学会室内设计分会　编
出版发行：中国水利水电出版社
（北京市海淀区玉渊潭南路1号 D 座　100038）
网址：www.waterpub.com.cn
E-mail:sales@waterpub.com.cn
电话：(010) 68367658（营销中心）
经　售：北京科水图书销售中心（零售）
电话：(010) 88383994、63202643、68545874
全国各地新华书店和相关出版物销售网点

排　版：中国建筑学会室内设计分会
印　刷：北京雅昌艺术印刷有限公司
规　格：230mm×250mm　12开本　12印张　232千字
版　次：2017年9月第1版　2017年9月第1次印刷
印　数：0001—10000册
定　价：**60.00元**

编辑办公室EDITORIAL OFFICE

主任： 李琼Li Qiong
刘慧雯Liu Huiwen
编辑： 庄素芳Zhuang Sufang
钟七妹Zhong Qimei
美术： 杨茜Yang Qian
英文： 单宇洁Shan Yujie

编辑办公室电话：
+86-10-51196435
+86-10-88355508

品牌推广联系人：刘晓莉
联系电话：+86-10-88355338

FOREWORD

前言

HOMETOWN IS FOR NOSTALGIA

乡是用来愁的

房子是用来住的，民宿是用来经营的，乡是用来愁的。这三句话看似没有关系，其实想说明的是做事的根本目的是什么！

乡建不是一个新名词，也不是新事物。民国时期，梁漱溟试验过，晏阳初研究过，费孝通调研过，而且调研了一辈子。他们的目的是共同的，即乡村的现代化重建。梁漱溟从教育入手，致力于乡村文化的更新，费孝通从经济着眼，探索乡村经济的复兴。这是因为他们知道，在乡里，土还是土，房还是房，舍还是舍，只是时已非时，基于农耕文明的乡村体系，基已动摇，就像白鹿原上的祠堂，无论白嘉轩如何维系，终究还是塌了一样。乡村重建需要另择新基，这新基便是变了的时代、变了的生活、变了的价值。说到底，乡村的重建就是要重建乡村的尊严，尊严地活、尊严地发展、拥有和现代文明一致的尊严的内涵。世间无桃源，乡情可依稀，乡土回不去。有一句歌词叫田园将芜，芜的不是田园，芜的是回不去的鸡犬之声相闻的传统农耕时代！

所以乡建我们可以不遗余力地留下原来的壳，但不能只留下原来的壳，这是本末倒置，而是要在陈瓶里装下人的发展即均等的就业机会、舒适生活即均衡的基础设施、资源共享即现代的物质消费、资讯对等即城乡一致的文化环境的新酒。说白了，乡建就是要让乡村内涵城市化，留住文化基因，再建生活生态，还给乡村在现代社会体系下的尊严。这样的乡才回得去，才有人去，才是有生活的乡；否则，无论建多少民宿、开多少饭店、经营多少农家田园、修复多少古村落，只是故乡变他乡，只是城市的配套，只是资源无限向大城市集中的一种自私，连乡村最后的房、最后的景、最后的灶台都归于了城市车水马龙之余的消遣。

习总书记说过：让居民看得见山、望得见水、记得住乡愁！他还说过：绿水青山就是金山银山。

乡是用来愁的、用来感的、用来恋的，都在心里，唯独不在脚上。若要真正迈开腿，走在乡间的小路上，不是应景，而是心甘情愿，归根到底还得记住：房子是用来住的。房子里有家，家很舒服，爸爸上班、妈妈做工、孩子上学，晚上都回家！

中国建筑学会室内设计分会理事　张郁

主办

中国建筑学会室内设计分会

联系电话

010-88356608

活动内容

公益课：优秀青年设计师走进高校进行面对学生的公益演讲，分享实践经验和设计感悟。

高校创作营：青年设计师与高校师生一起动手创作，充分发挥创造力，展出优秀创意作品。

2017 THE EXECUTIVE EDITORIAL BOARD

执行编委

CHINA INTERIOR

中国室内微信平台

MY CIID

我的CIID微信号

《中国室内》2017 年度合作机构

美国阔叶木外销委员会
American Hardwood Export Council

CONTENTS 目录

关注

FOCUS

农民和农村将是文化与文明的代言者

文　孙君

FARMERS AND COUNTRYSIDE WILL BE THE SPOKESPERSON FOR CULTURE AND CIVILIZATION

Countryside construction and hometown nostalgia are the products of this special time, they reflect the impacts of the century old Industrial culture. Village leaders, respected elders, and returning youths are the main force to rebuild the countryside, designers and urbanites provide feedbacks to the reconstruction, responsibility and volunteers are helpers, these are the forces behind the construction and revitalization of the countryside.

text Sun Jun

乡建与乡愁也是特殊时代的产物，是百年工业文明反哺力量的表现。村干部、乡贤与回乡青年是乡建主力，设计师与城市人、志愿者是乡建的助力者，他们是乡村建设与修复的力量。

乡建是指城市人做农村的事，干农民不会干的活，本质上是一种反哺，这也是乡建的本质。如同父母养育孩子，这是阶段性的哺育，孩子长大以后，反哺父母，是支持回馈，属于奉献的范围。

设计师的乡建自然属于这个范畴，乡村建设中，设计师进入乡村，用专业知识与情怀反哺乡村，是新农村建设最需要的工作。有一种乡建是公益性质的活动，例如上海宋微建等设计师曾经参与的 2008 年“5 · 12”大地震灾后重建；2013 年河南新县举行的“英雄梦 · 新县梦 ”公益活动，全国有 500 多名设计师参与，为革命老区做义工，全域规划设计，历时三年。另外一种具有商业性质的乡建，由政府承担规划设计，为农民农村服务。这种乡建，主要是强调设计站在农民的角度思考问题，让规划设计落地，让农民满意，这应该是设计师担任的角色。乡村规划与城市建设规划有本质的区别，从城市进入乡村是一个非常艰难的过程，如果不能转变农民思维，乡村规划与设计就是一种伤害。很多规划设计不能落地，就是因为不了解乡村，不了解中国文化。而如果落了地，则对乡村文化破坏性会更大，属于帮忙又添乱。

现代化不是村落聚集方式的终结，而是开始。当中国进入 21 世纪，迎来中国梦，人们忽然有了乡愁，有了对传统文化的刻骨之念，对现代文明中的很多现象，渐渐排斥与怀疑。同样，传统村落并不意味着一个时代，而是重在传与统的关系。传是时代变迁的乡村，统是变化中不变的定律。当中国从传统农耕文化进入工业文明之时，需要融合与对接，在反省与痛苦中形成这个时代的传与统的结合。美丽乡村、城镇化、互联网 + 等，正是工业文化与传统农业之间的碰撞与融合。这个过程是规律性的，发达国家同样经历过，中国也是如此。

河北保定阜平大天井沟栈房

从有人类开始，建筑就一直在变化，在改良，在创新，这个改变是“形”的改变，而“神”从不会改变。“形”是房子的大小、构造、材料、保温，容纳的人口数量和安全性等。而“神”是信仰、民俗、风水、宗谱文化，是一种精神的传承与存在。这种文化与生产、生活直接相关，与气候、温度、年降水量密不可分，这些是不变的，从专业术语来说就是风格。设计师对于传统建筑的另一个责任就是如何保护与激活，这是设计师的重要责任，也是职业赋予的使命。保护是为了未来，激活是为了现代，二者之间的价值就是文明的传承。

乡村空心化是传统农业向工业文明转型过渡期出现的问题，是两种文明交替与发展中出现的问题，属于发展中的矛盾，只需要时间与空间来解决。今天农村空心化是表面的，明天城市空心化是肯定的。千百年以来，城乡之间都是对立与依偎的。从 1911 年辛亥革命开始，工业革命进入中国，近年来，中国开始了城市反哺农村，工人反哺农民，企业反哺农业。在不远的将来，空心化会转变，农村将更加欣欣向荣。

乡建与乡愁也是特殊时代的产物，是百年工业文明反哺力量的表现。大约 2036 年，我们会看到另一个精彩的乡村，这一步从 2005 年就开始了。这种反哺能力通过三个部分，即政府、企业与个体来全面回馈乡村。农民会成为竞争的职业，农民工开始大量返乡，城市人已经开始在乡愁的情怀中与新农人一起涌向乡村。无需太久，现代农业与新农人会展现和看到属于这个时代的农耕文明。村干部、乡贤与回乡青年是乡建主力，设计师与城市人、志愿者是乡建的助力者，他们是乡村的建设与修复的力量。

农民和农村在传统、文化、道德、生态中与文明同行，一定会成为未来文化与文明的代言者。**（本文作者为北京绿十字文化传播中心发起人、总顾问，国家文物局中国文物保护基金理事，中国城镇化促进会城乡统筹委员秘书长，清华大学“清农学堂”教研院院长）**

DESIGN NOTES FOR THE COUNTRYSIDE

There are all sorts of possibilities for all the different sceneries
and different kinds of people. Design is to find a space among the daily mundanes,
to store a segment,
a lake, part of woods...
then use the method of CAD to express.

text Shen Lei

乡村设计笔记

文　沈雷

世间有多少风景，有多少种人，也就相应地存在多少可能。设计，是在烦扰的日常中，拨开一处空间，存入一个片段，一面湖水，一片树林……然后用 CAD 的方式，表述。

往马岭，经富春桐庐，从字面上看浦江也都是有文人气的。前几日看《台北故宫》纪录片讲南北宋之山水画之差异，甚至北人南迁之后画风的改变，而马岭角村时经数百年，平地起高楼，山崖绝壁、深山沟壑是很似溪山行旅中的古树村落的。设计施工已近年半，或许面对遗存的态度，做可逆的设计，可以让后人看得见脉络，就如古陶修复一般，拼接粘合后的残缺部位，需补缺复原。补缺的原则是宁缺毋滥，修复的原则是采用石膏，使补缺处与原器有明显的区别，或设计师也就可以自在些。

黄宾虹“观古名画，必勾其丘壑轮廓，而于设色皴法，不甚留意。当游山中，途中车轮之迅，并以勾古画法为之，写其实景。因悟有古人之法，以写实而得实中之虚；否则，实而又实，非滞碍阻隔不可”。杉本博司曾说，“记忆是一件不可思议的事情：你不会记得昨天发生了什么，但是你却可以清晰地回忆起童年的瞬间。在记忆中这些瞬间缓慢地流逝，也许正因为这些体验都是第一次发生，使得印象更为栩栩如生。然而接下来不断地体验，一直到成人时代都是对过去的重复，因此也就逐渐变得无足轻重。细细回忆你最早的记忆，从童年一路过来，就可以发现记忆永远是堆积起来的，层层叠叠。”

其实，放眼眺望，佳景处处，令人目不暇接，花色鸟音如何评定优劣呢？只得于狭窄的垣内，尽量设法，使能体会四季变化，种植春天的花木，秋天的野草等，好让那些无人倾耳的草虫有所栖息之处，也好叫知音的人儿欣赏欣赏。有些梦境、画面会重复，且循环。白天按顺序经过，昨夜，在铁皮屋顶的一夜，烟熏色的火山岩配黑灰带有水渍的金属。问：春天都来了，城市上空不长些蒿草吗？师傅说：以前，瓦之间用泥灰防水，现在改水泥了，草也就不能生长了。然后像钟楼上的吐水怪兽，远望城市，失了伪装且没有霾，配着晚钟的声音，看得很清楚，如果想象可以诗情般的没有边际，那么顽劣之心又起，在宁静的朱丽叶故居冥想，或把博物馆变为火锅店也是功能与历史的跳脱？试想，间间展室的金属盔甲有如九宫，当然花椒、辣椒、汤底的味道是不能飘散的，有大不敬。然而老汤的滋味或来自罗马，千百顾客又如历次翻新，而斯卡帕的功劳如同发现了旧砖瓦的新生？自己的思想、自己的符号，形成自己的语言，所有的东西都和过去的有着明显的区别。他追求与众不同，避免任何琐碎，任何不加评论、不情愿地依赖传统。空间本就是矛盾体，可以承载任何冲突，书卷气与江湖气的复加，场所带来的控制力，冥想变得遥不可及，脑中仍嗅到气场带来的麻辣香气。字，组成句子；句子，化作诗；诗，造出境。点、线、面，设计亦是如此，只是换一种方式构建一个不真实的真实空间，在那里可以对话，与人、与自然，或与自己。

最近这些日子，总是想要远行，去非日常的地方，见不认识的人们，试不熟悉的生活，就好似一次次地出走，从日常里，如同一次友好的聊天，"当一个朋友从路上叫我 / 并意味深长地放慢马步 / 我那片坡地还没有锄完 / 所以我没停下来张望 / 而是原地大声问：'什么事？' / 不，虽然没有聊天的时间 / 我还是把锄头插进沃土 / 五英尺长的锄头朝上 / 然后我慢慢走向那道石墙 / 为了一次友好的聊天"—— 弗洛斯特《一段聊天的时间》。

世间有多少风景，有多少种人，也就相应地存在多少可能，万物皆有灵，人自然也是。每一个人，都是相异的独立个体，那么每一次的相遇，或远或近，都似一次可能的窥探与尝试，如西游一般，用笔勾一匹白马，点一处异域，主角是每个王国的国王，配角也是。如何自由、怎样执着，都是可能的对话方式或语言。设计，就似那摘取片段的手，摘一片可能，放在安全的距离范围内，可以走近甚至走进，也可以远远地望着，或者转身离开。而这一片可能，声音，语言亦是声音，可听懂 / 见的与听不懂 / 不见的，人与人，人与万物，皆是吧。世间，应不存在听不懂 / 不见的声音，听力，也许与灵魂有关，灵魂伏匿时，听力或也会变得迟钝，或者懒惰起来，寂静与寂静的窃语，如阳光与山峦的微笑，如空气与山泉的轻抚，都存在，在文字中，在笔墨中，诗之所以是诗，画之所以是画，因为生活本就是诗本就是画，如诗似画，不过都是生活的片段。

设计，是在烦扰的日常中，拨开一处空间，存入一个片段，然后，唤醒昏睡的灵魂，去聆听，去靠近，灵魂之所，就是幻镜或幻境，一面湖水，一片树林，在山风吹拂时漾溢，再条件反射般的波及出去，长乐未央，天地相方，秦砖汉瓦，帘青山房，如文字垒积一般，显影，然后用 CAD 的方式，表述。

Designing for the countryside is like
restoration of the ancient pottery,
you need to fill in the crevices
and restore the original glory.
The principle of filling-in is missing is
better than bad replacement,
the principle of restoration is using
plaster,
so that the restored part is distinctly
different from the original one,
so that designers might be more
relaxed.

乡村设计如古陶修复般的，
需补缺复原。
补缺的原则是宁缺毋滥，
修复的原则采用石膏，
使补缺处与原器有明显的区别，
或设计师也就可以自在些。

文化点题 设计生活

文　赵方舟

CULTURE VIEWPOINT, DESIGN LIFE

Today, regarding design, culture is the starting point for thinking; regarding design, culture is a choice of lifestyle and aesthetics. Design reflects the perceptibility and the ability to observe the essence of objects, understand the public's psychological needs, move their soft spots in their heart.

text　Zhao Fangzhou

如今，文化之于设计成为思考的原点，设计之于文化成为一种生活方式与生活审美的选择。设计是捕捉事物本质的感知能力、洞察能力，感知受众的心理诉求，打动心灵深处柔软的地方。

近年来，各大创博会、设计周以“品质生活缔造者”“设计·未来·生活”“设计＋时尚生活”“生活中的设计”等为主题，或明或暗地将“设计贴近生活”的理念不断推广，潜移默化地进入每一个设计从业者的脑海，成为一条导向性较强的设计准则。在我看来，这是一场文化之于设计的觉醒，寻回设计“初心”的历程。

石器时代，石器工具的出现标志了设计的发生。这是一种最原始的、基于生活实用功能的、自发的“设计”。可以说，不论是住宅、服饰，或是宗教，最初的设计师是为生活服务、为大众服务、为人服务的。而随着技术的发展、文化的传播、艺术的演变，我们进入到了产品过剩、设计爆发的年代，文化之于设计成为思考的原点，设计之于文化成为一种生活方式与生活审美的选择。

如此的演变，背后有着三股无形之力，相互缠绕，也就编成了最美丽的关于设计的麻花辫子。

大众审美的普遍需求

文明越发展，人与人越平等，从而大众之声也越加壮大，因而加速了审美的大众化、世俗化。设计也不再是高高在上、只为精英阶层服务的了。现当代的平等不仅体现在经济上，更是体现在大众的生活水准和审美需求上。

故宫，似乎是严肃神秘、遥不可及的皇家象征。作为首都的“朝圣地”，排队走马观花之余，不免意犹未尽——那 1807558 件（套）的藏品、那庞大的建筑群，摸不到，带不走。如何实现“博物馆文化大众化”，让“高冷”的故宫走向大众，满足公众的文化需求？故宫用了一招：设计。

从朝珠耳机、“朕就是这样的汉子”折扇到可以拼贴出故宫的“紫禁城营造”胶带，以贴近现代生活的产品，承载故宫的文化基因，参观玩味之余，可以将文化带回家。越来越火的故宫文创产品带领大众走近历史珍档，更是通过设计，将那些深藏在博物馆里的、遥不可及的文物活化起来，走入人们的日常生活。

设计引申出的文化概念

基于审美的发展，设计理念逐步转变：不为设计而设计，才是最好的设计。对于设计而言，重要的不在于最终得到某种形态化的东西，而在于为什么这么去设计。这个理念在很久之前就被提出，只是时至今日，在中国才逐步被大众所接受。

路德维希·密斯·凡德罗（Ludwig Mies Van

One-o-One 旅行杯

深泽直人作品，手柄上不起眼的凹槽，站立时可将重物挂在上面

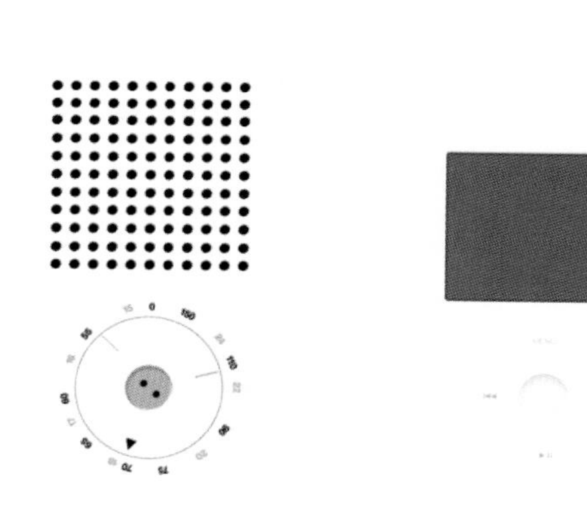

拉姆斯的设计深刻影响了乔布斯和索尼公司的设计风格

der Rohe）的“Less is more”被奉为现代主义设计箴言；迪特·拉姆斯（Dieter Rams）提出的“设计十戒”中强调，好的设计是“实用、耐用、环保”的，是“克制的、尽量少的设计”；深泽直人提出“无意识设计”（Without Thought）的理念，即：“将无意识的行动转化为可见之物”。

设计不同于艺术，不是设计师标榜个人的平台。为了设计而设计，是“匠气”的设计，是技术的堆砌，斧凿痕迹太重。好的设计是“匠心”的设计，以人为本，注重人的生活细节。在需求还未明晰的时候，探寻、发现受众的隐性需求，利用有限的资源，去挖掘那些本应该天然关联的事物，让它们更好地为生活服务，为生活找到更好的解决方案。这是设计师存在的价值，通过设计让生活更美好。

真实生活品质的人文诉求

建筑与规划有关，规划与城市有关，室内与建筑有关，家具与室内有关，家具又跟人有关。无论如何，设计是围绕人的行为、人的心理诉求和审美诉求而展开的。在人们的生活愈来愈被网络虚拟化后，对虚拟世界的厌倦又让人产生了对生活品质体验的渴求，这是一种对于人文关怀的渴求。

2016 年红点至尊奖获奖设计作品 One-o-One 旅行杯，主打“日常的陪伴”。旅行杯由富含中性白色电气石矿物质的陶瓷制成，表面凸起的几何纹理既起到装饰作用，又能增加表面触感，保证用户牢固抓握。当杯体受热释放负离子时，矿物晶体携带的电荷能够帮助净化杯内液体或食物。而内外层之间的空腔则可以进一步提升该陶瓷杯的保温性能。看似平常的设计，却在细节中体现出一种温暖人心的力量。

2017 年普利兹克奖得主西班牙 RCR 事务所的手法非常传统，并没有运用什么高科技，而是通过室内空间的秩序感和小细节，勾连起美好的回忆。看似平常、不经意间能感受到用心的设计却恰是最能打动人心。例如 Les Cols 餐厅，整个空间完美地融入山谷环境中，坐在全透明的树脂玻璃椅上，仿佛悬浮在空中，如梦似幻，不禁令人回忆与家人朋友共享乡村美食的快乐时光。

现在我们讲社区营造，也已经突破了设计技术的范畴，强调的是人性关怀，强调人与人的互动。过去的街坊邻里孩童的嬉戏追逐、大爷大妈的家长里短逐渐被电脑、移动设备替代，人与人的关系是疏离的、冰冷的。如何让人重新感受到被需要、可分享，是现在社区营造设计亟须解决的一个重要课题。

设计不是一种技能，而是捕捉事物本质的感知能力、洞察能力，感知受众的心理诉求，打动心灵深处柔软的地方。好的设计，是在冰冷的群体中寻找人性的光芒，将其点亮照耀四方，成为浸润生活的文化基因。

没有设计也可以生活，但那是活着。有了设计那才叫生活。生活是物质、精神、梦想的三位一体，三者统一便是文化。《易经》里有句话叫“品物流形”，意思是繁育万物，赋予形体。或许这也是设计文化力量的最好注解吧！**（本文作者为苏州和氏设计营造股份有限公司总策划师）**

执行编委：吕永中

孙建华
Sun Jianhua

中国建筑学会室内设计分会副理事长
ATENO 天诺国际设计顾问有限公司创办人/设计总监

扫描二维码观看视频
孙建华：我的设计观

SUN JIANHUA, DESIGN ACCORDING TO THE CHARACTERISTICS OF THE PLACE

Coming back to the interior design itself, I have always been thinking of these four words: time, space, object, and angle. At the beginning of design, I try to avoid the lure of mode, and try to find the internal relationships of various elements.

text Lv Yongzhong

孙建华设计作品：园博苑温泉别墅酒店

孙建华，因地因势做设计

文 吕永中

回到空间设计本身，我一直在思考四个字：时、空、物、角。在设计开始之时，我试图尽量绕开形式的诱惑，以寻找各种因素之间的内在关联。

从厦门开始聊起

吕永中：我们先从城市聊起，一个设计师的成长往往跟他的经历和环境有关系，包括生活的城市也会影响其形成独特的价值观和看法。你家在杭州，为什么后来到厦门呢？

孙建华：大学毕业后我才第一次到厦门，它作为我工作的初始城市既是一种机缘，也完全是计划外的事情。我的中学同学多数在外地读完大学之后又回到杭州，也有不少去了上海。那时厦门是经济特区，在国内城市中开放度比较高，有不少中外合作项目，也有很多国际学习交流的机会。这些因素很吸引我，在之前毕业实习的时候，体制内大型设计院的工作氛围并没有引起我的共鸣。我憧憬的设计是一种新奇生活的开始——有更多的发挥空间、更多的不确定性和可能性。那时候年少，选择和决定一件事更加冲动与随机，喜欢去既不在长辈安排中也不在预想中设定的地方。当时我的一位学长是一间香港设计事务所在中国内地的负责人，他在我毕业前找到大学和院里的领导，希望有专业和各方面都不错的毕业生去厦门总部工作。结果我就这样去了厦门。

今天想起来，我当时没有回杭州，从某个角度而言带有一点点逃离的感觉。这个逃离是什么呢？从人文积淀来讲，杭州的优点毋庸置疑，但是20世纪90年代初的杭州，总体氛围不像今天那么创新与包容，似乎更多沉睡在它固守的秩序中。作为一个学设计的年轻人，我当时内心在寻找一些变化、新鲜、不一样，或者打破条框的东西。

从中国传统文化的精致度来讲，厦门跟杭州相比有差距。但另一方面，厦门早在殖民地时期就已经是重要的对外通商口岸，鼓浪屿在那个时候有13个国家领事馆，也聚集了南洋一带的富商名流。这个城市的角色是谦和包容的，你既可以站在这个点看周边、看外面，也可以在这个点与外面来的人进行交流。地理上，厦门处于中国内地长三角、珠三角两大经济带之间，比邻中国台湾和香港，紧密联系东南亚，是一个虽然不突出却极为方便的地方。同时，厦门也是一个我出去很久又时常愿意回来创作的落脚点。

所以，一方面成长之地江浙文化对我濡养至深，是我喜欢和眷恋的；另一方面我也喜欢走出去面对更多陌生的可能性。就像我跟我父辈的关系，我尊重他们，但年少如我，又不太情愿被“规划和设计”。

在我后来的设计工作和思维当中，既与江浙文化有交叉，又有与之不同的状态，这也慢慢地自然形成我的一种状态，就是设计要因地、因势、因作品而不一样去表现。我真正希望的是一个作品建成若干年之后，还会听到社会对作品的回响和反馈。我希望设计的作品像一颗幼苗，你把它植入土壤一段时间后会有惊喜，最后生长的样貌既在你的设想中，又不全在你的设想中，这些叠加在一起是很美好的，这是我崇尚或者我想追求的一种状态。

因变而生的设计

吕永中：通过不同生活与文化的碰撞，你的设计作品可能会形成自己的特色方向，你觉得你的设计作品或者接下来要去研究的是什么样的方向呢？

孙建华：大部分设计师，他们的作品都有明显的识别性，通俗讲就叫风格。我个人也喜欢和欣赏风格上具有核心 DNA 的设计师。我现在回溯自己前面 20 多年的设计历程，就像旅行一样，自己经意不经意间选择了一些有很多可能性的路。因为我觉得在不同的地域，人文自然技术条件等等各种方面的差异是巨大的。我的设计思考是：在某个地方做设计的时候，首先把自己退回原点，先不发出太多的声音，而是去阅读或者精确地了解一个地方本来的状态，等吸收很多东西之后，再去寻找一种当下发生的可能性。

另一方面，在我的设计观里，运营一定也是设计师必须要研究的东西。因为没有运营，这个社会的很多资源就不能在区间流动，设计就会陷入到空泛的概念与视觉形式里面，所以我觉得合理运营可能必须作为设计的前提存在。

吕永中：因为每个设计师随着年龄阅历的变化，设计思考都会有一些微妙的变化，比如你的很多作品都是与“水”有关的，从最早的日月谷温泉，然后是大瀑布酒店，后来的中国莲、漂浮岛都跟水有关。在你多年的设计生涯里，在不同的设计阶段和不同的设计作品中，会有什么样的变化？

孙建华：在做深圳瀑布酒店前后，国内设计界主流方向是“中国风”，在那个语境下，记得当时许多作品可能对文化的思考和表达方式上，相对比较具象，通过符号化的东西去表达。瀑布酒店是我设计逻辑发展中的一个分水岭，我想尽可能脱离这种具体表达的文化，所以在瀑布酒店项目里面看不到任何具象的中国或者东方的东西。另一个原因，在意大利米兰理工大学的学习也影响了我的关注方式，我当时在思考把自己熟悉的手法归零之后还会剩下什么。当然，作为在中国成长，大部分教育在国内完成的设计师，即便归零，文化上还是脱不开中国固有的渊源。到后来创作

When designing at a certain place,
first of all I will go back to the starting point,
not to be too vocal in the beginning,
but to read or precisely understand the original status of the place,
only after I have absorbed enough information,
will I go to find the possibility of making it happen now.

在某个地方做设计的时候，
首先把自己退回原点，
先不发出太多的声音，
而是去阅读或者精确地
了解这个地方本来的状态，
待吸收很多东西之后，
再去寻找一种当下发生的可能性。

“中国莲”概念的时候，应该是设计归零之后反过来把东方元素以某种象征和印象的方式反注入。这是往前追溯的一种设计思考。我现在经常萦绕脑际的一个问题是如何尽可能减少设计痕迹，让设计更放松随意地返回事物原真。

很久以前有一位朋友跟我说：“你的作品从某个单一角度拍摄不见得一定能拍出漂亮的照片，但是走进你的项目里面，却会觉得一幕幕展开后非常精彩。”我不常对空间中某一个角度做特别深入的刻画，我认为人在空间里面的最终感受必须涉及时间要素，人的行进如同电影剧情展开。设计的自我价值体系决定设计师会把自己的时间花在哪个方面。在很长的时期里，我们一直过度追求设计感，但是后来我发现，设计价值的评估和所谓的设计感有时候是背离的。所以到后来，我觉得文化的表象可以淡化，也可以去“设计化”一点。依据叙事性去做设计，可以跳过干扰。再一个就是风格和变这件事情，有一句话叫做世界上永远不变的是变。我会寻找空间和项目里面一种叙事性的场景或方式，把秩序关系建立起来，在主题的定义下，做一种因变而生的设计。

吕永中：就像画太阳一样，同样是太阳，如果我们用简单符号画的太阳就是一个圈，但是你仔细去看，不同时间、不同地方、不同天气下的太阳，是不一样的，都呈现非常美妙的东西。

孙建华：你讲到一个非常好的意象——太阳，一种方式就是为表达太阳而表达太阳，另外一种也可以用云层、晚霞、阳光在地面上的影子表达太阳。我们选择间接表达的时候，作为设计的主体要稍微退回来一点，但可以建立多种表达的可能。

我做设计的时候，比较关注叙事性本身。设计一个剧院，假设剧院里面没有演戏、唱戏的人，那个剧院是没有意义的。剧院舞台和复杂的背景，唯一的目的就是配合剧情展开，而跟建筑是什么风格没有太大关系。

深圳东部华侨城
瀑布酒店走廊

深圳东部华侨城
瀑布酒店冰吧

酒店设计与诗歌

吕永中：你做了很多酒店设计，谈谈做这些酒店设计的体会。

孙建华：酒店的意义远不止在行旅中为你提供食宿，它是人们在固定的家之外的另外一种生活状态的场所。一方面它跟平常的家有很大不同，另一方面它又跟家的属性具有内在关联，这看似矛盾的两个方面恰恰是酒店设计最吸引人的地方。酒店设计支持你实现有些在家里面不可能实现的东西，有些室内空间与内容是你陌生的，但又通过一些无形的线牵连着，这两端之间的度，是最微妙的。在做酒店的时候，首先要考虑各种各样的人，无论是个体还是群体，到达之后，有很多不同剧情发生的场景。从剧情场景化的角度反过来思考空间可能性，设计就变成很文学的一件事情。一个优秀的酒店像其他艺术创作一样，会有些不经意的东西，特别触及到你，可以跟陌生的你对话。

我现在更多情况下是从建筑物开始，面对着一片空白和投资方、管理团队一起想象一座酒店的未来，这是一种美好的体验，这种初始的梦想驱动我们去面对长长筹备过程中设计的艰涩与工程的繁琐。一个酒店在真正开业之时，就像米开朗基罗所形容包裹在冰冷大理石中的雕塑灵魂复活了，之后便是它的“人生”。

吕永中：你是如何与甲方业主沟通交流，让他们愿意把项目给你的?

孙建华：比较多的情况下是业主了解我们过往的项目，觉得有共鸣而找来的，无论如何还是要跟业主先进行思维方向上的交流。我个人的工作习惯不支持和业主在没有形成正式的合作关系之前开始做设计。所以在此之前，大家一定要通过沟通找到共同的目标。一个好的业主，他欣赏你的思维也听得懂你的话，能够识别什么样的设计师是有价值的。他具备业主的素质知道谁能够帮他真正地“搞定”项目。我认为业主要找的是一个自己认可的设计思维体系，这个体系包括了设计师专业层面的积淀和对项目价值的广泛思考。

与我合作默契的业主永远知道什么时候该约见面，也知道什么时候不该打电话。

悦泉行馆

新中式，样式？方式？

吕永中：未来我们的业主也在成长，而且成长的速度非常快。你如何看待新中式这种现象和风格？

孙建华：确实，现在新中式成为设计专业与非专业媒体热衷的一个名词。我觉得所谓的新中式，这个“式”假如是样式，那是我反对的。任何模式的诞生与流行都有必然性。但有时候，群起效尤的新中式变成形式八股了，很多年轻设计师去模仿，寻找样式规律，然后置于众多项目。我更希望它是一个方式，是一个开放系统，每个人按自我的理解再去思考，再去定义，再去表达。这是一个动态与群体参与创作的事情，然后越来越丰富，它一直像一棵树，一片森林的生长。事实上，近年来已经有不少设计师在这个方向研究得很深入，并且有了非常精彩的作品。

园林在不同的时候去看是不一样的。我学生时代去看，是用建筑学专业的角度，把建筑拆分了来看，这个是怎么借景，亭子是哪种形式，水榭是哪种形式……再过一阵去看，看到园林其实是一个社会人文、家庭宗法的一种群体关系。再往后看，发现园林是一个人的事情。就是一个人把他的经历文化全部聚焦在那个时空点上，把一切他的思想物化出去的一个凝结。当然它承载了各种生活的可能性，各种文化的宗族的关系也在里面，各种建筑的技术和艺术是它的表现形式。它就像是一个人的事情：一个人去造园，一个人去阅读。每个进园的人看这个园是不一样的，其实是这种一对一的关系。

新中式这种名词表达在中国当下，其实包含我们对之前一段时间的文化断层或者文化缺失的一种焦虑的情绪。文化要复兴，是既传承过去，又要创新在当下，从一个完全的具体的环境去思考、研发，这样的东西不管叫新中式还是叫什么，可以成为我们这个时代好的东西。但是如果把它简单的标签化之后，去做一种容易被模仿和复制的，可能就有问题。另一方面我担心，从中国悠久博大的文化体系来看，现在大家回到的东方，只是一种表象化的、概念化的新中式。在我们既往的历史中，国家最兴旺的时代，其实更多展示的是文化的多元与包容。

悦泉行馆 客房

悦泉行馆 洗手间

福州明谷行馆

“承”在米兰展

吕永中：最近我看见你做了一个叫“承”的家具，请你谈谈。

孙建华：那个是玩的。

吕永中：玩是最能单纯表达想法的，这个家具表面是什么材料？

孙建华：表面使用的是中国漆画工艺。这是去年在米兰展做的一个东西，当时创基金有一个设计公益活动，希望中国制造跟中国设计有一次碰撞，从传统中汲取灵感创作家具，并且把这样一种思考实践的成果展示到米兰国际家具展。这件东西创作时间比较短，主题就是承上启下的“承”字。“承”字有两层含义，第一层含义是文化上，希望有一个传承和再创。第二层含义来自于最简单的力学关系本身。一个最简单的当代的形，从力学关系中找到这个线型轮廓。太湖石是一个东方的表达，是传统的工艺。这件家具内部却是科技化的。想在现代科技、传统工法和力学关系上找到一个结合点，就做了一件带有玩味性质的家具产品。

设计之路上的影响

吕永中：在你的设计历程中，谈谈对你有特别影响的人和事。

孙建华：有两个人对我影响很大。一个是台湾的李武彦先生，老先生已经去世多年，他的职业生涯充满传奇，做过音乐杂志，电影导演，后来又做产品，做彩色玻璃艺术品与灯具。我最早接触欧洲的设计与文化，他起了重要的作用。很久以前，我的一个餐厅项目开业，请他和家人到那里吃饭，餐后闲聊时候，他突然问起我的欧洲经历与体验。我说我还没去过欧洲，他非常惊讶。第二年春天，在他的邀约与安排下，法兰克福、不莱梅、汉堡、巴黎、米兰，他觉得应该要去的地方，都带着我走了一遍。这次欧洲之行印象非常深刻。我觉得当时看的很多东西，无论是很不经意的小街道、民居，还是著名的歌剧院、博物馆、车站、广场、庄园，让我觉得陌生又熟悉。这些感受与记忆在一定程度上影响了我之后的设计方向，也许因此要走更遥远的路，但是我要坚持的。多年之后，选择米兰作为进一步学习深造的地方，也应该与此有关。当然，先生在艺术、文化、生活美学方

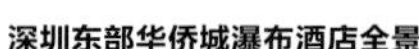
深圳东部华侨城瀑布酒店全景

面的深厚造诣以及对东方传统的研习在另一方面也启发和感染了我。

第二个是日本的艺术家兼企业家铃木胜之。铃木先生一个身份是日本著名时装公司负责人，同时又是非常成功的画家、雕塑家。他第一次从东京来到厦门之后就非常喜欢这里，相比东京的繁华，那个年代的厦门像一个世外桃源，他觉得很清新，很安静，就想在厦门建一个绘画工作室兼季节往来的居所。

我对日本社会与文化真正了解初始于与铃木胜之先生的交往。在他细致安排下的日本之行，改变了我之前对日本的印象。先生亲自督导做行程计划，亲自开车陪我去了很多通常行旅不易去的地方，又选了很多进一步了解日本建筑与庭园文化的书送我。离开东京的那天晚上，他非常细心地问我日本之行的感受。后来他跟助理说，孙先生未来一定可以在设计之路走得很远，希望加倍加油努力。其实那时候我在犹豫一件事，到底是做一个小型设计工作室，还是做一个规模大一点的设计公司。先生从他自身的经历感受，给了我非常真诚的建议。

对我来讲，遇见这两位先生完全是生命中的意外，我平常的工作生活轨迹跟他们并没有太多交集。但是在两个特定的时空里面，彼此之间相遇交往像忘年交一样，有幸领受了他们的教益与指导。他们在设计初始之时帮我开启了欧洲和日本迥异的文化与历史，更重要的是他们自身的创作与生命方式对我是有影响的。

I have wide interests in design,
I like to find the continued
relationships among architecture,
interior,
and the environment,
I think design is not just limited on
paper,
design thinking used in society
and public events are design too.

我对设计的兴趣比较宽泛，
喜欢寻找建筑、
室内与环境之间的连续关系，
在我看来，
设计行为不只是图纸上的项目，
社会、公共性事务中的设计思维也同样是设计。

设计思考：时、空、物、角

吕永中：谈谈你最近的一些思考。

孙建华：我对设计的兴趣比较宽泛，当然，这基于我对空间设计本身的定义与思考。我喜欢寻找建筑、室内与环境之间的连续关系，大多数情况下，似乎我们常常以对室内过度思考的方式来填补建筑、环境和后期运营上考虑的不足。这种情形下，需要更加广泛关注设计的基础甚至于设计“之外”的部分。近几年，因为一些偶然与非偶然的机会，我也花了不少时间从直接的设计中抽离出来做一些思考。2014 年，因为学会年会在厦门举办，恰逢学会 25 周年，大家都抱有期待。至少有大半年的时间里，筹备工作成了我的第一要务。我们像面对一个重大设计项目一样细致分析每一个环节，同时要求必须有创新突破，也因为设计界众多朋友的倾力参与，成就了最后的精彩。长达两年的年会筹备过程，尤其是首创的场外展，我感受到设计与城市原点文化结合绽放的力量。年会之后，又作为创始理事参与了设计界第一个公益基金会——创基金的筹备和运作，负责了两届中国设计创想论坛策划筹备工作。这些事务占用了大量精力，在我看来，设计行为不只是图纸上的项目，社会、公共性事务中的设计思维也同样是设计。

回到空间设计本身，我一直在思考四个字：时、空、物、角。一个空间中应该包括这些东西：“时”就是任何的设计必定有时态的考量，当下即是在过去和未来之间流动变幻的瞬间。“空”是抽象的思维方式，纷繁复杂的干扰剥离之后，空间回归到虚与实、有形与无形之间。“物”来自于自然，人对原始之物有深刻眷恋，对皮革、木材、金属、石材的感知都不一样，物性有时源于记忆，有时来自创造。“角”就像戏剧中的人物，一切的关系都因剧情展开、因对话而产生，空间的意义随着角色注入而诞生。时、空、物、角思考之后，我们回到一个最本源的问题，到底是哪些因素在影响空间和设计的本身。我一直试图在设计开始之时，尽量绕开形式诱惑，寻找各种因素的内在关联。

DESIGN PHILOSOPHY OF "TIME, SPACE, OBJECT, AND ANGLE"

Since the geology and culture of each design location,
its desired function and information to be carried,
as well as the purposes of construction are all so different,
out designs need to look for the difference and find the answer.
I like this saying:"the only change in the world is change itself".

text Sun Jianhua

『时、空、物、角』设计观

文 孙建华

每一个空间所处的地理与文化、承载的功能与信息、建造的目的如此不同，因此，设计要做的正是寻找差异，并做应答。我喜欢一句话：世界上唯一不变的是变。

园博苑温泉别墅酒店

设计中的感性往往始于第一次踏入现场，一个充满时间记忆与叙事可能的场景也许从此深留脑海。无论新旧，每一个建筑空间最后都是时光蚀刻下生命痕迹的忠实记载。从初始的设计建造开始，空间本身也成为秩序和偶然性并存的有机“生命体”——包含诞生、成长、兴盛、衰落、再生至最终消逝。设计是我们在某一环节与其相遇，然后产生新的秩序与故事。

设计不是一件追赶时髦的事情，我也不认为设计要坚守某种程式化的传统或风格。每一个空间所处的地理与文化、承载的功能与信息、建造的目的如此不同，因此，设计要做的正是寻找差异，并做应答。我喜欢一句话：世界上唯一不变的是变。

时

设计的现时性建立在过去和未来之间，由此，追溯与瞻望都必不可少。与过去相比，今天我们对设计“时态”的看法更加系统而客观。既然不能两次踏进同一条河流，我们的关注不自觉投射到仍然在发生作用的过去和可以企及的未来。短暂、瞬间、直觉式的“现在”往往并不可靠。时态选择往往成为设计工作展开的前提。梁思成先生把传统建筑的价值归为三个方面：建筑与环境的关系、建筑营造技术、附着于建筑之上的关联艺术。

未来，新概念、新技术、新材料，人们之间新的相处方式都将挑战当下的空间思维。我们身处一个比过往任何时期都更加快速突变的时代。过去和未来之间延伸的宽广地带构成了今天可以被我们重新定义的设计时间轴。

空

一片树荫构成了最初躲避烈日与雨水的空间。竖向与水平延展的实体切割、界定、围合，形成了丰富多变的空域。虚与实的相互依存关系早在 2000 多年前的《道德经》中已被精彩论述，实体之间的不可见部分构成了空域的核心。在过去时代，西方建筑更接近于实体中的镂刻，东方建筑则是构件化的组合，前者重体，后者重面与线。空间演进的过程是实体越来越变薄、变透，或者由静态的、固定的逐渐加入变化的时间向量。墙体将进一步消失，垂直方向的分隔也将更加模糊。空域越来越多地从几何、分散的形态走向有机与流动。

园博苑温泉别墅酒店
大堂

物

物性无处不在：粗糙的岩石、质朴的红砖、馨香的木材、风化的金属、清澈的玻璃、柔软的皮革……远古时代，人类就在大自然中与万物建立了亲密联系。物的记忆亦嵌入到人类思想最深处。一方面人们越来越囚禁于自己构建的都市丛林，日复一日地远离自然；另一方面，自然之物的眷恋之情始终是人们获得心理安定与满足的核心。伴随着人工材料的极大丰富，自然物性逐渐从其原始单一载体转移到系列化的人工材料。甚至伴随着科技升级，越来越多非物质化的影像也进一步介入空间。由此，叙事成为可能。

角

一个剧院，即便拥有最好的空间、灯光音响、舞台布景，但如果没有台上的表演者或者台下的观众必将失去意义。空间行动的参与者是空间的体验者，同时亦是空间不可或缺的组成部分。就一场完美的球赛而言，优质的场地、旗鼓相当的球队、专业的观众三者缺一不可。舞台上角色之间的关系，角色的表情、动作、台词以及剧情展开均因剧本而牵联发生。因此，设计行为并非仅仅指向如何构建一个剧场，同时关乎某一空间体验群体可预期的行为与心理。

福州明谷行馆

亦师亦友亦兄长

文 庞喜

MENTOR, FRIEND, AND BROTHER

Design is like a river,
each cross section of this river will be multi-facet.
Experienced designers could acquire the design passion from the younger generation,
while the younger generation could acquire experience from the older generation,
and this is a healthy design ecosystem.

text Pang Xi

设计就像一条河流，这条河流的每一个横截面都应该是多元的。资深设计师可以从年轻一代身上获取创作的激情，年轻一代可以从资深设计师身上习得经验，这才是一个健康的设计生态。

建华兄对我来说，亦师亦友亦兄长，让我写他，不免心里有些忐忑。

与建华兄相识于某设计协会的活动上，彼时各位设计师侃侃而谈，唯他，只是微笑着认真倾听。我们一见如故。建华对人总是客客气气的，说话进退有度，不让人为难。只是后来他在厦门，我在苏州，彼此略忙，偶尔在朋友圈里问候一句。

直到前年，建华兄来了一个电话，想邀请我到厦门去，作为那一年设计年会的演讲嘉宾。我一愣，没有接话。他似乎感觉到了我的犹豫，说："喜兄，你就来和我们分享一下你的'喜舍'吧。我们很羡慕你那样的生活状态，就当是一次与朋友们的愉快的聊天。"其实我知道，这个机会对我来说很重要。

那一年在厦门，吹着海风，肆意地聊着过去、现在和未来。厦门年会现场各种工作安排得当细致、融洽、完整，不乏惊喜。看得出建华兄温文尔雅的背后，有着一颗炽热狂野的心。

早在 2014 年，建华兄就和 10 位志同道合的设计师共同创立了中国设计界第一个私募设计公益基金会——"创基金"。他说，"创基金"要致力于"资助设计教育，推动学术研究；帮扶设计人才，激励创新拓展；支持业界交流，传承中华文化"，梦想总要有的。

2016 年，在建华兄的邀请下，我和他成了"创基金"2016 米兰国际家具展上的"最嫩组合"。这是"创基金"和红星美凯龙达成的战略合作，要联合中国 10 家代表性家居企业，寻找最能代表中国传统生活方式的 10 件老器具，以这 10 件老器具为灵感，"创基金"10 位创始人进行再设计，由 10 家家居企业提供工艺支持并制作完成，最后以"传承 · 站出来"为主题亮相 2016 年米兰国际家具展。

建华兄有着国外学习经历，却对中国文化有着深深的眷恋，更加了解西方人如何看待东方文化，他说喜欢我那种对设计自然散发的 "传统"。我开玩笑说我也喜欢喝威士忌的，他大笑。而我，则很想给他发张"感谢卡"。

我们开始了与工厂沟通的"相伴之路"，从最初的设计创想，到最终的产品呈现，这是一个痛并快乐着的过程。

深圳东部华侨城瀑布酒店一隅

建华兄既感性，又理性，这种气质很高级。他可以把简单的问题升华到哲学的高度，为设计注入浓厚的人文气质，并且在国际化手法和区域文化之间取得平衡，构建出独属于他的美学体系。

所以这次我们的合作非常有趣。他的作品“承”，意在从宇宙与当下的生活中，寻找大小两极的感觉。他说茶几是客厅的核心，是人与人交流的视觉重心，亦是生活方式的文化体现。我的作品“伴”的灵感，则迸发于我和他对坐之时，伴榻而坐，看袅袅茶烟随风去。建华兄说，这古画中走出来的生活状态很高级。

建华兄并不单纯地沉迷于设计本身，他想得更远。设计之初，我们已经达成共识，虽然作品在米兰家具展第一次亮相，希望能够在设计、创意、人文等方面产生好的影响，但是米兰展只是亮相，建华兄考虑更多的则是如何落地以及如何进一步与市场进行对接。

建华兄身上荣誉无数，但他从不因此自傲，更愿提携年轻一代，我想，这是一个设计师对自己创造力的自信。他说，设计就像一条河流，需要有不同的源头为它注入水源和活力。因此，这条河流的每一个横截面都应该是多元的。在这个创作体系中，“50后”“60后”“70后”“80后”“90后”交错在一起，构成一个生态圈。资深设计师可以从年轻一代身上获取创作的激情，年轻一代可以从资深设计师身上习得经验，这才是一个健康的设计生态。

他常跟我说，状态——生活状态是最宝贵的部分。很多时候，发现自己被卡在某一关过不去了，感到无比沮丧，我就会与他畅聊，他常常一言点醒我。

忘了是谁说过，看懂一个人，最好的方式就是跟他去旅行。我们相约了多次旅行，总会有出自偶然的惊喜，于是让我期待，下一次，再约起。**（本文作者为中国建筑学会室内设计分会理事，喜舍创始人，喜研品牌顾问，庞喜设计顾问有限公司设计总监）**

DESIGN PHILOSOPHY THAT IS COMPASSIONATE AND GENTLE

His appearance is very gentlemanly yet he has strong fortitude, he has sharp eyes, and he has the ability to learn from others while he will not follow the crowd. Solid professional foundation helps to expand his horizon, he is good at making comparisons between the traditional east and west culture as well as comparing the many contemporary design concepts, and has the ability to accept different ideas and thoughts.

text Sherman Lin

至善至柔的设计观

文　林学明

他表面温文尔雅，内心无比坚毅，对事物具有敏锐的洞察力，博采众长却不随波逐流。扎实的专业基础使他的视野不断开阔，善于对东西传统文化和现代设计理念进行比较，从中兼收并蓄。

认识建华是因为“创基金”结的缘，接着是中国建筑学会室内设计分会 2014 厦门年会暨第一届中国室内设计艺术周（场外展）策展的合作，以及 2016 年春天参加米兰家具展和意大利威尼托地区建筑考察的一段难忘的日子。由于工作，我们有机会常常在一起开会讨论，因有共同的价值取向，所以彼此无所不谈，对他也就有了一些了解。我和建华可谓一见如故，他为人友善亲和、有感染力。我欣赏他温和、平实、腼腆、儒雅和内在谦逊的气质。他凡事认真执着，表面温文尔雅，内心无比坚毅，对事物具有敏锐的洞察力，博采众长却不随波逐流。

2014 厦门年会被公认为历届年会中最为出彩的一届，建华是年会和场外展的总指挥。在厦门筹备展览的那段紧张的日子里，我们合作得非常愉快，工作上很默契，他对我很照顾。他把我和宋微建、吕永中、沈雷、孙云、蔡万涯等几位设计师很好地协调在一起，为了场外展的策展工作共同出力。他为各项工作可谓呕心沥血，事无巨细，无论出现多么大的困难和压力，他总能以乐观、从容的态度去应对和克服，充分体现出他作为团队核心的杰出才能。他的睿智和人格魅力深深吸引我，在他身上我看到了中国设计师的未来，看到了新一代杰出设计师的职业素养和社会担当。

我相信性格决定命运。一个人的性格左右其一生的成败，性格的成因既包含先天的赋予，也包括后天外因影响和不断的自我塑造。性格成就了他的设计之路，他内向沉稳、深思熟虑、精微细心、健谈机敏、计划缜密、谈吐有条理有逻辑。读建华的作品，不难看出一个优秀设计师所必备的素养和品格。扎实的专业基础使他的视野不断开阔，他虚心向国际大师学习，总结前人的经验，丰富了自己知识储备，他善于对东西传统文化和现代设计理念进行比较，从中兼收并蓄。

建华所做的重要作品几乎都跟“水”有关，从他

福州明谷行馆

园博苑温泉别墅酒店
茶吧

设计的厦门日月谷温泉开始，到安溪悦泉行馆以及深圳东部华侨城大瀑布酒店，都是围绕着“水”做文章。尽管他面对的是完全不同的环境条件以及客户的市场需求，但他都能成功地把“水”作为中国传统的独特文化属性，在设计中得到巧妙的转换，使之成为设计界几乎无人不晓的佳作。

对于他的“水”主题设计的成功，是机缘巧合还是基于他的个人命格？还是因为他成长于江南水乡的缘故？我看是来自他对自然的感悟、崇尚和对生活的热爱，这与他对中国传统哲学的深刻理解和对道家精神的领悟有关。“水”好像是他连接通往个人设计体系的桥梁，借“水”为载体建构个人的设计方向是他的匠心。2015 年（杭州）创想论坛主题“上善若水”的提出，就是他长期设计实践的内心表白。看作品如看人，他的品性像水一样，泽润万物而不显山露水。无论是日月谷温泉蜿蜒曲折的泉水溪流，还是华侨城大瀑布酒店气势磅礴的落水，从建筑内外到景观的一桥一隅，再看室内空间节点的控制和对酒店客户服务的细节处理，无不大大提升了酒店业服务的内涵和质量水平，其设计手法经营奇妙耐人寻味。微则无声，巨则汹涌，在方而法方，在圆而法圆。“水”之百态在孙建华的笔下表现得淋漓尽致，丰富了酒店文化主题的表现，让人置身于自然之中。用他的话来说，“我用了‘水’的主题，流动的概念，把很多不规则的空间串起来。正是因为这种手法，原建筑一些巨大的缺陷或者说很难平衡的东西最终变成这个酒店最有特色的部分”。沿着他设计作品的脉络看，在最近竣工的福州明谷行馆，正在进行中的武汉东湖阿丽拉酒店和海南的海上书院，可谓借“水”得心应手。

建华始终把握“水善利万物而不争”的老子道家学说，并把它作为自己设计乃至人生的哲学，他深刻领会水为至善至柔之道，与世无争却能滋养万物之理。所谓至“善”，我理解为“善意”的设计。

建华并不偏执于对传统和现代问题上的东方和西方，对文化和观念上采取兼收并蓄的态度。建华强调丰富生活的阅读以滋养设计，他虚心向前辈学习，向生活学习，持续不断地通过留学、考察的方式摄取营养，工作之余，访欧洲、走日本、进中国台湾，读万卷书，行万里路，广结良缘拜师结友。他有两位人生导师，一位是铃木胜之先生，他经营着日本著名的时装企业，同时也是画家、雕塑家，在巴黎有独立的画廊，在艺术界具有相当高的地位。第二位对他影响很大的是台湾的李武彦先生，李先生做过音乐杂志主编，做过电影导演，后来又跨界做产品，而且都能做得很好，当然还有他的益友良师——台湾诚品的吴清友老先生。他们深厚的文化学养无不对建华有很深刻的影响。

设计已经跟建华的生命紧紧地联系在一起，大概不可能把设计从他的生命时间中分离出来。尽管设计上他已经获得很多的荣誉，但他自己总还觉得设计生涯似乎刚刚才开始，我羡慕他遇上了一个充满了机遇的年代。

著名艺术理论家刘骁纯先生在广州与我谈及关于中国传统文化的传承与现代思考以及东西方的文化冲突时，他曾经以他写的对联“不中不西亦中亦西看透中西不管中西，无古无今极古极今视通古今无论古今”启发我，如何真正才能做到“自有我在”。此对联不仅对我有帮助，相信对建华乃至很多设计师也是非常有益的启迪。**（本文作者为中国建筑学会室内设计分会副理事长，广州集美组创意总监）**

Judging the work is like judging the person, his personality is like water, nurturing everything's growth while being low key.
Tracing the path of his design works, the just completed Minggu Hotel in Fuzhou, or the still under-constructioned Alila Hotel in Wuhan's East Lake and the Bookstore on the Sea in Hainan,
you can see his comfortable using "water" in his designs.

看作品如看人，
他的品性像水一样，
泽润万物而不为显山露水。
沿着他设计作品的脉络看，
在最近竣工的福州明谷行馆，
正在进行中的武汉东湖阿丽拉酒店
和海南的海上书院，
可谓借“水”得心应手。

福州明谷行馆

SUN JIANHUA'S WORKS
孙建华设计作品

项目名称：福州明谷行馆温泉酒店

项目地址：福州市鼓楼区

设计单位：ATENO 天诺国际设计顾问机构

主要材料：竹 木 石材

明谷行馆位于温泉之都——福州，被称为“生活在温泉里的城市”。福州温泉的历史悠久而丰富，从晋朝开始便已全国闻名，北宋时福州城内就已建起了“官汤”“民汤”40 多处，保留至今的唐代之前的古汤池就有 7 处。

跻身于拥有历史厚度的温泉博物馆内，明谷行馆完成了古老温泉传统的当代演绎，不出城郭而获山水之怡，身居闹市而有灵泉之致。酒店隶属的日月谷集团一直以专业的温泉度假服务，不断创造泡汤的魅力。

项目整体处于“谷”的空间氛围之中，设计师营造出山谷中“日之阴翳、月之朦胧”情境，独立的空间隔绝城市喧嚣，自成一体。明谷行馆是大隐于福州城内的都市之幽壑，石、水、竹、木形成谷中幽静的氛围，地热和星河让空气中弥漫着慵慵懈意。

行馆分为公共汤区和汤屋客房区；走过竹林和灰黑朴素的流水墙之间的幽径，依稀可见墙缝中挤着的老瓦片，承载着青绿色的苔痕斑驳，看似不经意的细节让时光回转。设计师孙建华曾说过：“设计的现时性，建立在过去和未来之间，现时是动态的。”在明谷行馆，谁能说得清现时的感觉，是过去还是未来呢？

小径的尽头一转，进入公共汤区大堂，脚下是老船木台阶，邻水沙发后一面高大的植物墙，墨玉

材质的地面犹如水墨画，顶棚繁星点点，汇成了福州的母亲河——闽江，星河延伸至男女宾更衣区。

流水墙元素也出现在了户外汤区，由于各个汤池所处不同地势高低，流水墙连接了各汤池和小径，营造出山谷中瀑布、溪流的意境；汤池使用糙面灰黑色石材，给设计带来了厚重感，水反射的光线，空中的蒸汽，硅藻泥的墙面制造的自然光影，整个汤区植物疏密有致，形成自然遮蔽，塑造完美的私密泡汤空间。

汤区连接着 SPA 休闲区，顺着水流声走进“谷”深处，SPA 房、墙面和家具以竹木为主装饰材料，温泉的暖意中含着竹木的清香。

由一个“水火交融”的等候厅引领进入客房区，等候厅空间小而精致，设计富有禅意，幽幽火苗流水萦绕的主景观设计透着一种静谧的氛围，磨砂墨玉质石材的地面高级、典雅，暗色磨砂帘隔绝外界，形成私密而紧凑的空间；顶棚布满密纹浮雕，有心人也许能辨认出那是古福州城地图；俯仰之间、目光所及，尽是细节设计用心之处。

客房全都以树命名，榕、檀、松、衫等等，每间客房都配有可至少容纳两人的豪华泡池，白色水磨石泡池由一整块石材挖空磨成，颜色简洁素雅。

设计师对于明谷行馆的定位是追求明暗光线变化而产生不同体验的诗意空间，“日之阴翳”“月之朦胧”是不同区间所传递的氛围特征。“谷”字展开便是一种围合，在繁杂的都市中开辟出一块独有的静谧之处，院落空间回避了干扰，增加空间层次感，创造出山水长卷一般的宜人小环境，室内外交相呼应，移步换景，让人能更放松地贴近自然，使得精神上更为宁静祥和。

吴滨
Wu Bin

中国建筑学会室内设计分会理事
W+S 设计品牌创始人
无间设计首席设计总监

扫描二维码观看视频
吴滨：设计在路上

WU BIN, THE PERSON, THE EVENTS, THE PRINCIPLE

Designs have close relationship with personal experiences,
when you are learning about the main world culture, and the European culture,
you are training yourself.
Design has to possess contemporaneity,
it could be perceived as being timely,
including modernity.

text Song Weijian

设计跟生活的历练有相当的关系，当你去了解世界主流文化、了解欧美文化的时候，其实也是在历练自己。设计必须具备当前的时尚度，这个时尚度可以理解为当代性，包含摩登的成分。

吴滨作品：未墨

吴滨，其人其事其道

文 宋微建

从市场里打拼出来的设计师

宋微建：我来上海十几年了，在我的印象里，你好像是一夜成名，但仔细了解后，发现你是一位资深的一线设计师。你的设计和生活融合得非常紧密，而且作品中有一些特别的新面貌。谈谈你的生活经历和环境中有哪些是对你影响最大的？

吴滨：我比较信奉设计来源于生活，做设计就必须要懂生活。设计本身包含艺术和商业，在赋予了一定商业价值的同时，我也在探索一些关于设计的本质的问题，包括它的形式美感和其具有的理论基础。

从业最初十几年的实践经历与社会大背景有着密切的关系，因此早期更多关注形式美感，以达成客户的商业价值和目标。同时因为从小研习水墨画，受到老师的教诲或者画论上的一些影响，在学习别人或者学习传统过程中，一定不能拘泥传统，要有自己的创新性。设计的价值是具有当代性，是对原有的一些规则把握和重新领悟以后，找到一个新的规则，或者创立一些新的面貌，用自己独特的方式来体现。

宋微建：你是什么时候开始设计工作的？

吴滨： 我最初是学平面设计的，毕业后被分配到一家市属大型室内设计公司，跟随同济大学毕业的资深设计师学习建筑和室内设计知识，大量实地考察施工细节，开始涉足室内设计。

宋微建：还有哪些经历对你的设计生涯有较大的影响？

吴滨： 20 世纪 90 年代中期在为一家海景酒店做室内设计的过程中，因为设计的要求，当时我们很难找到合适的家具可以搭配那个空间，于是我只能自己设计家具，完成后呈现的空间效果令人非常满意。那次经历之后，我意识到原创的高端家具设计、制造在国内市场极为紧缺。我找到一家意大利公司合作，在上海成立了家具公司，为我的空间量身打造，从那以后形成了融室内设计、软装陈设、家具设计与制造于一体的完整设计产业链。

东方与西方、传统与当代的设计思考

宋微建：一方面你的作品有非常高的市场美誉度，一方面你提出“摩登东方”的设计思考，这也是一种挑战。摩登东方里面涉及一个东西方的问题，你是怎样把它们融合起来的？

吴滨： 这是一个逐渐演化的过程。我是从平面设计转到室内设计的，所以我要学习很多。在学习的过程中，我庆幸自己在设计和施工的工作经历中积累了丰富的经验，让我对材料、结构、工艺、施工的工法都得到深入的了解。同时我很自信自己非常善于去驾驭形式美感，这可能跟早期的绘画训练有关系。

在早期的设计，我有意识地把东、西方融合，因为我是上海人，从小对外滩的万国建筑群有着深刻的印象。后来游学意大利，才知道这种风格是 Art Deco，所以我有一段时间一直主张 Art Deco，包括我的第一个家具系列。那时候客户在表扬你时经常会说“你的设计很洋气”，说“你的设计不像中国人做的”。那时候的设计基本上是为了满足客户的需求。

宋微建：后来是什么原因让你发生变化呢？

吴滨： 20 世纪 80 年代的中后期，在绘画界关于“新东方主义”的讨论中，很多评论家都在讨论什么是当代的文化，什么是新东方。这些讨论给我留下了一颗种子，一个概念。

真正让我开始深入思考的有两件事。一是 2009 年我受邀参加德国法兰克福家居展。在那之前，我是以一种“洋气”的姿态来跟国内的客户交流。但是当我作为一个中国设计师，要向德国乃至欧洲展示我的设计时，应该怎么做呢？我很自然地就想到了东方的传统、东方的基因，同时联系到我个人的成长经历中最擅长的中国水墨画。结合这些，我设计了一款沙发，并融入了中国传统的水墨画里泼墨的效果。沙发背后不规则的曲线变化使每个人都可以找到自己想要的坐姿，结合当下的生活方式在功能性和艺术感染力上取得了一个平衡。这款沙发在展览中获得了很多好评，也是我第一个用东方的形式完成的家具作品，是当代的艺术品和当代的设计。

I want the home space to be pure
and without a style,
even to the point to make
all the interior decoration to
“disappear”.
It should stand the test of time,
express its characters
through different furnishings
in any time.

我希望家的空间很纯净、
没有风格，
甚至把空间里所有的装饰做到“无”。
它应该经得起时间的考验，
在任何阶段都可以
通过不同的陈设来表达个性。

宋微建：你的成长过程和发展脉络非常清晰，先是从工法上面去学西方的手法、技术，慢慢地到达一定高度以后又回过头去思考东方的传统和基因，开始思考中国的东西。这个思考过程是一个巨大的转换，也可以说开始从形式语言慢慢转换成思想。除了2009年参加德国法兰克福家居展，还有什么原因让你形成“摩登东方”的设计思考？

吴滨：2011年左右我在为自己的新房子考虑该如何设计，那是一栋由意大利设计师设计的联排别墅，很现代，整个客厅、餐厅大面积的落地玻璃窗，窗外就是一片树林，我开始静下来思考，自己的家应该是怎样的。不同于商业的考量和面对客户的惯性思维，我希望它很纯净、没有风格，甚至在空间里应该把所有的装饰做到“无”。任何一种风格都会制约我的设计，变成无的状态才可以激发所有的可能想象。其次，作为一个居住的房子来讲，它应该经得起时间的考验，在任何阶段都可以通过不同的陈设来表达个性。

这样的概念更使得很多碎片化的东西迅速地在这个项目里面全部具象化。比如所谓的少即是多，没有过多的装饰，整个空间就会有更多的可能性，把室内的装饰变成无的状态，变成建筑的延续，从空间的规划来讲，室内也当建筑去做。通过那些跟人发生关系的陈设去表达个性化和主张。房子其实真的可以跟主人一起成长，因为房子也是有生命的，它可以跟着你的成长而成长，这其实又暗合了很多东方的逻辑。

宋微建：开始“我要为自己设计”，先把风格放一边，考虑自己究竟要什么东西。这实际上是真正开始思考设计的本质是什么，设计到底是为什么，把所有的假象全剥掉以后，那时候是最真实的。

设计的高度与生活的历练

吴滨：我一贯强调设计跟生活的历练有相当关系。以前在学习和做西方设计的时候，我把自己浸泡在西方的环境和生活方式里，当你去了解当时世

未墨

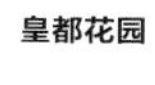

皇都花园

界的主流文化、了解欧美文化的时候，其实也是在历练自己。设计必须具备当前的时尚度，这个时尚度可以理解为当代性，有摩登的成分在。在这个基础上，融以东方的痕迹，犹如从小接触到的中国水墨绘画中的理论，黑白、开合、聚散、时间性，也慢慢地会融入到我的设计中。我用这些概念去做室内设计，发现也是相通的，东方的审美体系，绘画里讲的构图，等同于空间里的布局。东方的绘画跟东方的园林非常相似，例如石涛是画家，同时也是园林艺术家。中国传统里，绘画跟园林的体系是一脉相承的，它包含了园林、植被、山水、建筑的内外关系。园林体现的就是微缩的中国世界观，融合了室内外的关系，家族的礼仪次序、待客之道等等。

谈到西方的一些建筑师，比如我特别喜欢的路易斯·康，他被誉为是一位“非常东方的西方建筑师”，他的很多观念受到了东方的启发。例如他认为“所谓的平面其实就是一个范围内空间和空间之间的对话，是空间和空间之间形成的次序”，这种次序跟中国园林里面建筑的布局、位置是相通的。路易斯·康曾讲到一个“形”的东西，这个“形”就是做一个建筑或者做一个项目时，他的直觉首先会传达出在这个空间里它应该是一个什么样的形式，然后再运用你的手法、技能去把这个“形”呈现出来，而不是把空间程式化或者套用任何风格。

宋微建：设计最终是一种精神的语言交流，我们不是为了去挖掘这个语言精髓去设计的，而是你到达一定高度以后自然而然就会知道这个语言到底是什么。

吴滨：对于审美的把握，我一定会调用出一些早前学水墨画的经验。做室内设计和产品设计的时候又一定会去参考西方现代的一些设计，最后将这两者慢慢地相融在一起。

宋微建：过去是向外看，现在开始向内看，慢慢你到达现在这个高度。我相信未来出现的成果是没有东西古今之分的，而这些作品就是最有价值的，也是可以流芳百世的。中国人有个词叫作“悟”，就是必须要自我去体会。过去可能理性占主导，讲究技术方法，慢慢又要回到感性，直觉反而是引导我们理性的。

吴滨：而这个直觉是之前设计经验的大量累积。

宋微建：是扎扎实实一步一步地悟出来的，你的成长经历对年轻的设计师启示很大，最重要的一点就是认准一个方向走，一定走得通，没有投机的路可走。

I borrowed my earlier experience
in ink painting in helping me
express aesthetics;
when I am doing interior and
product designs,
I will also incorporated some
western modern designs,
and gradually merge these two
sides.

对于审美的把握，
我会借鉴一些早先学习水墨画的经验；
做室内设计和产品设计的时候，
又会参考一些西方现代的设计，
最后将这两者慢慢地融合在一起。

苏州国瑞熙墅细部

苏州国瑞熙墅

与滨坐·同归

文 沈雷

SITTING WITH BIN - RETURNING TOGETHER

Designers are also authors,
each work could be a chapter,
it could be independent while connecting with earlier and later chapters, the main character is in first person, and the plot is time and result.
Wu Bin's designs are like this, modernity within elegance, just like Bin himself,
is a traveler between Europe and ancient times.

text Shen Lei

设计师也是作者，每一件作品为一回，似独立，却也承上及启下，主人公是第一人称，线索是时间与果。吴滨的设计也似如此，古雅中有摩登的气息，似滨本人，穿梭于欧洲与古时的旅者。

与设计师吴滨相识时间不长，记得是2013年，他和孙云受邀参加内建筑10周年暨穿越开幕，人多，匆匆急聊。再遇应是半年后的亚洲设计论坛，席间同座。吴公子一袭白衣，儒雅倜傥，记得三杯两盏之后吴滨说：与你喝酒很舒服……后知滨平日少饮，而少饮善酒的人往往是有趣的，分寸得当、进退有据，相处也就更亲切了许多。渐渐地来往多了，天南海北，有了深交，也就越发喜欢起这个海上之人来。

平时见面设计聊得不多，而坐下摹写，细想于南亚的夜，晚风有自己的味道，露台之外，一轮明月，夜幕与海已看不出边际，繁星与波纹已混在了一起，安静得仿佛分不清彼此。想起白日里的远山，在海的那一边，遥遥望着，似蓬莱如画境，孤岛、野鸟……也许，设计师也是作者，每一件作品为一回，似独立，却也承上及启下，主人公是第一人称，线索是时间与果。吴滨的设计也似如此，古雅中有摩登的气息，似滨本人，穿梭于欧洲与古时的旅者。

《南田画跋》里写道："高贵乎远，不静不远也。境贵乎深，不曲不深也。一勺水亦有曲处，一片石亦有深处。绝俗故远，天游故静。"分寸的把握，气韵的拿捏，应都依于笔者抑或设计师本身的自我修养。或言见识与胸怀，如同运笔的气韵，轮廓已在指尖，余下的书写都是躯干的血脉与纹理，细处可见时间沉积下来的果实在笔尖绽放的姿态，或如运了气的泼墨。"欲夺其造化，则莫神于好，莫精于勤，莫大于饱游饫看，历历罗列于胸中，而目不见绢素，手不知笔墨，磊磊落落，杳杳漠漠……"

设计亦是如此——饱游饫看，再如武林高手般运气于胸中，形已形成，神已安好，落墨寻细求精，待到置笔时，一回动人的故事已跃然眼前。吴滨自小是习画之人，自然是懂得这其中的奥秘。一回一回的作品如同一段一段的小径，小径连着小径，通往的方向是心中的桃花源。周梦蝶先生曾言，“据说：‘诗乃门窗乍乍开合时一笑相逢之偶尔。’此一偶尔，虽为时至暂，但对深知冷暖之当事人（作者或读者）而言，自亦可通于永恒。又，将事实之必不可能者，点化为想象中之可能，此之谓创造。”用文字书写情节的人，用线条勾勒幻境的人，作家、设计师，都是用自己的方式叙述眼里的故事，如那门窗的乍乍开合，一刹那的知会，是滴在心间的永恒美好。“南湖秋水夜无烟，耐可乘流直上天。且就洞庭赊月色，将船买酒白云边。”应着眼前的景，月、海、山，想象，吴滨兄的境，一笑相逢之偶尔，想到建筑与绘画的出身，殊途同归，皆往大海。在面对需要铺陈的情境时，是相似的。

敬一杯，在苏梅湾静谧的碧波里，又想起马远的画来，《水图》十二册页为一卷，用十二回笔墨勾勒主人公的模样与性情。或滨兄的设计作品才是起始，酒饮五分宴方开席，远方淡化最后虚幻成水天一色。作者如是引湖面清风习习，波浪如鳞，万顷碧波，浩渺无际。这是春明景和层波叠浪，大幅度起伏的波浪用粗重的颤笔，江水下游开阔浩瀚的江面，江水浩荡、平稳而又从容，有一种兼收并蓄的雍容大度，正顺着江风的吹拂，朝向大海奔涌而去。浪间卷起的浪花，都向前作奔涌抬升运动，又呈现向后逆涌之势，忽而奔腾、激荡、咆哮，带着原始粗犷的生命力，挟雷霆万钧之势，正要冲破障碍向前倾泻。秋水回波，柔婉的双勾线波纹，贴水飞翔的白鹭，澔渺无边的湖面，袅袅兮秋风，湖水清兮波浪细。云生沧海，浪峰向前倾斜，后浪紧推前浪，云遮雾锁，涛声如潮。这是涨潮时的海浪，湖光潋滟。轻快的线条，画出无规则跳动的水波。春风席席，湖水盈盈。晴光下的山色，明镜里的波光，都在游人的桨声笑语里微微荡漾。这是西子湖醉人的柔波。云舒浪卷，云雾弥漫下的海面，前后都是涌动的波浪，中间用粗重凝涩的颤笔，画出一个抬起的浪头，正在发威咆哮。这是沧海中的洪波。晓日烘山，红日、远山、晨雾。朝晖下的湖面浮光跃金，一片清新宁静，细浪漂漂。鱼纹状的线条组成细密波纹，向远处渐渐虚化，几只海鸥在海面上飞翔，海面风平浪细。远处似有箫声……

上海皇都花园

WU BIN'S WORKS
吴滨设计作品

项目名称： 上海黄浦滩名苑禅境 · 云顶

项目地址： 上海市黄浦区

设计单位： W.DESIGN 无间建筑设计有限公司

软装设计： W+S 世尊软装机构

项目面积： 500 平方米

摄　　影： 吴滨 隋思聪

我想找寻的是属于当下人文之士的格·调。
格，拙规矩于方圆，
在传承东方美学框架之内却又在其外；
调，无为有处有还无，
虚实之间，融入当代摩登和西方优雅；
格·调，超然于地域时空。

——吴滨

“无论是清晨一整面墙的阳光，抑或是黄昏温暖的炉火，遁入就在尘世却仿若隐世的气韵空间。”

黄浦江，流淌着申城千年文脉，世界百年风云在此迭起。上海黄浦滩名苑禅境·云顶坐拥黄浦江壮阔景观，无间设计抽象提取东方美学巅峰宋人风骨，融入上海当代摩登优雅，在离天空最近的地方，听风起看云涌，在东方西方文化碰撞中品味上海考究的别致生活。

整个室内空间塑造成与外部空间相通的开敞廓落，室内外空间成为抽象上的完整状态。客厅挑空空间大面积留白开敞，与客厅正对的偏厅压低暗黑色调，形成黑白开合节奏对比，无限扩展空间尺度。空间内饰品选择考究，墙面木作包裹饰以巨幅漆画艺术品，联结着上海千百年来海纳百川的包容开放和当下精致优雅的生活方式。

客厅一侧开敞的餐厅与西厨，开启家庭成员与访客之间的对话。而将楼梯置于空间中心的大胆处理，让餐厅拥有更完整的空间，加强纵深感，同时为餐厅背后的空间独辟幽静茶室，整个空间因此拥有更强烈的建筑感与当代性。

穿过客厅与餐厅的交界通道，到达另一处景致——茶室。茶室内当代装置仿若山水倒映又似云萦绕，与外部留白墙面山石绘就的水墨画卷，虚实之间无限延展出去。这个在灰空间里营造的冥想禅境与外部摩登的壮阔景观、中国美学鼎盛时期的宋人风骨与传承至今的老上海的有礼有节在当下时空交错。

茶室一侧的老人房，承袭上海细腻雅致的空间语言。整个空间墙面运用木饰面包裹，横扩藤编床屏圆弧倒角处理，提取宋代美学风骨，同时融入包裹感和当代功能性，用摩登手法和材质演绎当代水墨精神。

贯穿一二层空间的楼梯成为嵌入空间的一个大型盒子，是空间横贯和纵贯的连接点。盒子内外做了精致区分，楼梯外部为深色木作，内部运用高级灰皮革包裹，老上海优雅考究的细节贯穿始终。进入二层，到达起居室，有着东方水墨意境的大漆异形案几与当代素色龙纹沙发之间，书写人文气质。

二层主人套房大面积诗意漆画、抽象提取云元素地毯、写意留白床幔，书就深邃辽远的东方传统意蕴。

案例

PROJECTS

SERENE LIGHT AND SHADOW

大理浥尘客舍

YI·CHEN BOUTIQUE

扫描二维码
观看案例详情

主创设计：李益中 熊灿
项目地址：云南大理古城山水间别墅一期
设计单位：深圳市李益中空间设计有限公司
主要材料：钢结构 玻璃 原木 石材

客栈名为“浥尘客舍”，灵感来自于唐代诗人王维写的那首诗“渭城朝雨浥轻尘，客舍青青柳色新”。在全国多地都被雾霾笼罩的当下，大理依然蓝天白云山清水秀，用“浥尘”作为客舍的名字有特别的意义，润湿身上的灰尘，在客舍享一段岁月静好的时光。

岁月静好，是关于时间的故事，而光是时间的使者。曾经参观过斯里兰卡国宝级设计师巴瓦的住宅，真切地感受到巴瓦对光的处理和控制。在“浥尘客舍”的设计中，光的控制同样被放到一个特别重要的位置。空间的设置除了考虑使用和景观，更加入了光的考量，昼夜晨昏，阴晴雨雪，每一刻都有不同的光的变化。空间的转折迂回、起承转合，每一处都会有不期而遇的光影。光影的流转，时间的流逝，就在这多变的空间中默默地发生，传达恬淡宁静的意境。

庭院空间

设计者的话

THE DESIGNER'S WORDS

李益中：一个设计师的第二居所

大理是个好地方。山高水长，空气好，气候宜人。

一见钟情

2015 年的秋天几个朋友在大理玩，偶遇一房子，一见钟情占为己有，想着年纪大了之后作为自己的退隐之地，现在年轻偶尔住住，是自己的第二居所，平时当客栈来接待一些趣味相投的朋友。

房子打动我们的地方有两点。第一是这个房子与环境的关系，有公共绿地环绕，掩映在一片竹林背后；第二是房子的空间结构不错，而且里边有一个内向的小庭院。

设计的推敲

设计一开始就是围绕这个中间的小庭院展开的。我们把这个内庭用玻璃钢构封闭，成为一个充满阳光的中庭，以此为核心，整理其他室内空间。接下来是掘地三尺，拓展了部分地下室的空间，包括一个下沉庭院。前院设置了一个水庭，并在旁边加建了一个亭子，成为观赏池鱼和休憩的空间。为了得到更好的景观，屋顶加盖了一层露台。如此，苍山、洱海的风景 360° 尽收眼底。

所有这些改造工作都以不破坏原建筑风貌为原则，看似大刀阔斧，但其实都是依循建筑的设计逻辑反复推敲、缜密进行的。通过对内部空间及建筑形态的梳理，打通了建筑从室外环境到室内空间的任督二脉，浑然一体了。

侘寂之美

每一间客房的空间形态都不一样，朝向也不一样，在客房的设计中根据布局、光线等要素来选择形式、色彩和质地，在保证相对统一的前提之下，让每一间客房都各有特色。

在设计过程中，我们喜欢待在工地上，感知空间形态以及每一道光线，然后利用直觉做设计。在负一层的 01 号房，朝北偏西，采光比较柔和，下午的时候有斜阳照进来，我们在空间中感觉到一种隐约的“侘寂”之美，于是就在“侘寂”这个方向去发展，做得比较自然、平和、质朴。而在二、三层的大房，因为朝南，阳光充足，就大胆地使用黑红配，创造了饱满而热烈的空间感受。

01

02

01~02 景观空境
03~04 平面图

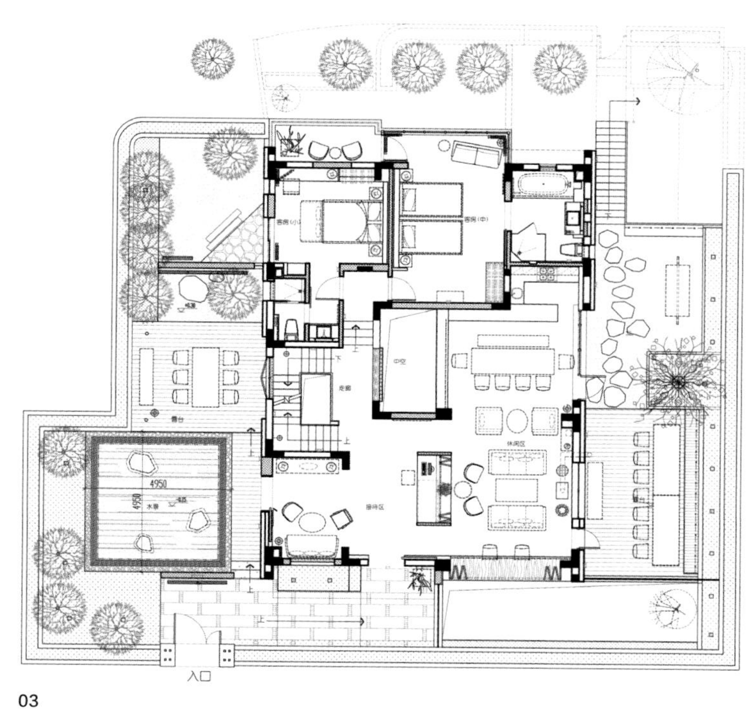

03

0 5 10m

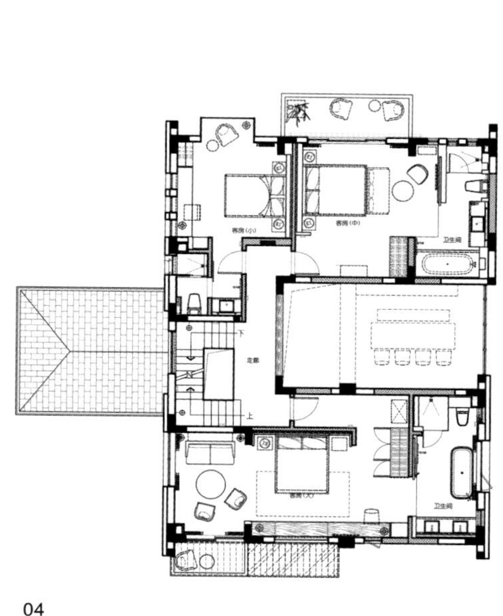

04

一个设计师的第二居所

浥尘客舍与其说是一家客栈，我们更愿意称之为我们的第二居所，我们的另外一个家。

从空间到设备，再到陈设，完全按设计师的标准来营造和设置。在后期的陈设布置及日用器皿的选择上，女主人花了大量的时间和精力，亲力亲为，创造“家”的温馨磁场。

住得舒服是好酒店的硬指标，所以设备要好。在浥尘客舍，马桶是智能的，恒温的马桶圈盖不会让客人在冬天如厕时踌躇不定，床垫是五星酒店的标准配置，够厚够舒适，床品是女主人精心挑选的法国进口棉麻面料，质地柔软体贴……

家的感觉来自于壁炉的温暖，客人可以亲自下厨的可能，更体现在生活的日常，因此常用的碗碟、瓶罐、茶具、咖啡杯等器皿也代表了主人的品位和追求。在这里，器皿的器形、质地、色彩等都经过严格的筛选和考量，以期达到整体风格的协调统一。

在艺术品陈设上，大都是自己的珍爱收藏，有美国著名摄影师阿诺 · 拉斐尔 · 闵奇恩的摄影作品，有广州新生代艺术家林于思东方意境的绘画作品，也有从日本京都千辛万苦带回来的日本女画家的油画作品……这些艺术家的作品丰富了空间的质地，丰富了空间的内涵。

我们都没有酒店管理经验，但我们相信，把客舍营造出家的感觉，“己所不欲勿施于人”，将客人视如家人一般，客人一定有特别美好的感觉。而我们始终坚信，人们愿意为美好的感觉买单。

好的设计就是给人安全与自由并带来精神上的升华

习惯了在大城市做设计，作品中往往透射出较为强烈的都市感和设计感，而在大理这样一个比较休闲的城市，必须做出相对放松的感觉。客栈如果做得太散漫，就没有骨架，容易显得品相不高；太过控制又会显得生硬而灵气不足，令人难以放松。作为设计师如何拿捏这个度，显得非常重要。

“浥尘客舍”这个案子对我们来说算是一种尝试，自己花钱自己试。帮别人设计花钱不心痛，这回花自己的钱好像也没心痛过，都为美的创造。

现在“浥尘客舍”已经试业，从居住体验来说，住过的都说好。

对谈

ASK THE DESIGNER

姜湘岳：每个设计师在生活或者旅行的过程当中，可能都会收藏了很多内心认可并且喜欢的东西，这些东西需要一个陈列空间，但也不能是博物馆或者美术馆这样的空间，而是要放在生活场景里，因此每个设计师最终是在设计生活。这里从床上的棉麻床品、墙上的摄影作品到使用的一把壶、一个小烟灰缸等器具，全部是设计师自己认可和喜欢的东西，以传递对生活的认识和想法。所以，我一进来就非常喜欢。

另外，我还特别喜欢中间这块空间，注重室内外的交互，在房子内部可以感受房子外部的空气和光线，虽是小空间但又让视觉无限的扩大。这体现了设计师对自然的一种感受和理解。

孙华锋：我是带着问题来的。我和李益中都是建筑学专业出身，所以我一直想看看，一个建筑学出身的设计师在室内设计中，到底能做成什么样？设计师面对一个自己能真正把控的项目时，是如何做的？这里包括空间的转承、光线的运用、材质的运用以及空间的组合等所有方面。学建筑的设计师在做了很多年装饰以后，他对装饰的取舍和把控是怎样的？是一定要融入地域的特殊的文化，还是应该抛弃，用内心的领悟来定义空间的属性？

益中说不刻意去装饰，但其实是一种很高级的放弃，包括露梁、混凝土的淋浴间、服务台的处理等，设计将建筑的自然和装饰的简约真正融为一体，这是一种更高层次的舍，不是一般的设计师能做得到的。从一进门的隐蔽墙，到楼梯间使用的虚实手法，设计感贯穿了每一个地方，非常用心，但是又尽量不刻意去做很多东西，这实际上体现出一个设计高手真正的尺度拿捏。

高超一：李老师刚才介绍，原来的院子上加了一个顶变成了室内。除了这个改动之外，整个建筑中你还特别在意哪些地方，并进行了改动？

01~02 对谈
03 就餐空间

01

02

03

01~02 品鉴
03~05 就餐空间

李益中：当初我看到这个房子时，感觉它跟旁边其他建筑一样，是平淡无奇的。但是通过深度挖掘以后我就发现，有很多空间可以重新塑造。当时的想法就是，要在苍山脚下做一家客栈，看不见洱海的风景，但听得见内心的声音，这是创作这个浥尘客舍的出发点。实际上，空间要庇护人的心灵，让人找到安全与自由，这也是我们的设计初心。

要听得见内心的声音，就必须是特别安静的室内空间，但又可以通过光线流转的变化，感受室外的光、雨、云，体会白天和夜晚。通过中庭上面的玻璃，可以在核心空间与外面有很多交流，其实这也是在跟内心交流，这里只跟自己有关系，跟一堆朋友有关系，躲在这里就没人找得到你。而天台则是要跟自然直接对话，抬头看苍山的风起云涌，回过头又可以看洱海的水天一色。天台像天线一样接收周围环境的信息，与苍山洱海建立一种联系；一二三层实是与周边的小区环境建立一种关系，例如这摇曳的竹林，前面的水池，旁边的树木，还有邻居，这些都与俗的人间发生关系。

赵扬：这座建筑通过改换入口的方式营造游走的序列，中间本来是一个室外空间，最后变成公共空间的核心，这个动作颠覆了原来房子的格局，和这个山水间别墅区的建筑有明显的区别，人进来之后，感觉仿佛不是在山水间。光线的运用很平衡，没有光线过曝的地方，也没有暗得让人不舒服的地方。例如浴缸上面的顶光，控制得很好，很温柔，很打动我。如果是一个窗户直接看出去的话，那就完全是另外一种感觉了。

整个空间包括这些艺术品的气质传递了主人对于某个文化方向的认同感或者艺术的品位，就是要回到自己内心的感觉。但是，陈设品稍微多了些，可以再掩饰一点。也许经过几个月的使用，慢慢就会调整得更像过日子的状态。

老 K：当得知李益中买下这座房子时，我的第一反应就是，在这样的居住环境里，他也敢做！但是今天看到这里的情形，我感到很意外。可能是跟他刚刚讲到的初衷很有关系，就是进来以后这就是另外一个世界，内部空间的感受与外面的山水是不一样的，有很大的反差。可以说，室内设计完全抛去了外部的环境。我印象深刻的一点也是光线的均衡运用，尤其这个半地下的空间，不觉得暗，感受很好。

另外，院落的处理也很好，房子的前后院，半地下房间的小院，地下室外的院子，给我印象都很深刻。因为，在大理没有院子就不叫房子，院子是和这里的阳光雨水、周边的环境相结合的，是生活当中非常需要的一个元素。

01

02

03

04

05

01 卧室
02 屋顶露台
03~04 楼梯空间

李益中：“渭城朝雨浥轻尘，客舍青青柳色新”，浥尘客舍这四个字仿佛是赐给我的，而且与自己想要塑造的空间感觉完全一致。“浥尘”，内地的很多城市空气污染严重，大理阳光明媚空气清新，刚好符合基本的条件，实际上是一个洗肺的地方。整个建筑空间没有很多装饰的感觉，格调比较雅致清爽。虽然有的房间色调比较重，但是整体感觉还是平衡的，基本符合安静的设定。

熊灿：我最喜欢的是地下空间。之前这里是一个车库，后来改成一个带院落的房间，人躲在里面可以看得到实景，分辨方向，看到外面的世界，那种感觉超出我的想象。

空间陈设真的是关乎自己的审美情趣。整个房子的陈设是按照自己喜欢的类型设计的，选择喜欢的材质、颜色、形态，使用喜欢的搭配方式，并没有很多理论性和系统性。陈设尽量选择艺术品，一些比较小众的艺术家，他们的作品并不贵。如果是印刷的复制品，价格也差不多，但是没有价值。

浥尘客舍应该是怎样感觉的客栈呢？我想，就是把客人当作远方来的朋友，“有朋自远方来，不亦乐乎？”一切都是想让客人在这里感到很舒服，所以一切都是很放松的。经营的时候，就要把自己的生活方式带入这个场所中，让客人也有这种感受。例如常用的酒店用品，我不喜欢一次性的物品，配备的多是可以重复使用的，我会从环保角度慢慢地影响客人。

高超一：你们一个设计空间，一个设计细节，可以说是天衣无缝，给我的感觉像是一个人一气呵成的。原来我以为来这里是看实力设计师设计的精品酒店，但是看完之后，最大的感受同时也比较感动我的就是，这里的装饰感很少，而且解决了设计的本质问题，这是在做设计，而不是在考虑怎么把酒店装饰起来。

打动我的一是光的运用，还有就是楼梯，有苏州园林移步换景的感觉。另外，细节做得很到位，通过细节将空间与人的生活状态结合起来，做得很完整，体现出品质感，是很本质的设计。通过空间的处理，充分利用大理的阳光资源优势，体现光的层次；通过天台的处理，使人可以与大理苍山洱海自然对话。通过这些设计改造，用另外一种方式诠释了建筑的在地化。

李益中：在地化就是建筑空间与环境的关系问题。建筑本身的灰瓦白墙和大理以“苍山雪”为象征的主色调统一协调，这种灰调很自然地融入环境中。外立面改造遵循建筑本身的结构逻辑，没有做太多的改动，只是在一层加了一

01　02

03

04

01~02 庭院空间
03~04 品鉴
05~06 客厅

个亭子，在楼上加了一个天台；选用本地的石块材料，体积相对比较轻盈；玻璃中庭的格调与整个环境和建筑本身保持协调统一。

我对在地性的理解就是建筑与大环境的对话，而不是破坏它们之间的关系。从外面看建筑没有很多的改动，和邻家的房子一样，但是进入里面，会发现大有乾坤，对环境的回应和对设计本身的控制，都包含其中。

老 K： 这种小体量的民宿酒店，陈设可以很明确地体现出主人的文化和喜好，陈设背后的内容是主人内在的呈现。每个人喜欢的东西不一样，很难协调，我们也不能以普遍的设计标准去衡量是否好看。我的建议是可以在形式上加强统一。

熊灿： 是的。每个人的内心都是很丰富的，喜欢的东西也是很丰富的。如果要将空间设计成为一个作品，应该做减法，但是如果是在空间里面生活，就做不了减法。

赵扬： 另外，虽然这里是按照家的方式去营造的，但是毕竟是一个要经营的酒店，工作量比经营一个家要大很多。可能得需要半年左右的时间，慢慢调整之后会更顺畅。

姜湘岳： 这是一个生长的过程，我在清迈的一家酒店看到，酒店陈设随着季节变化和人的心境调整变化，这也是一个动态的过程。

李益中： 与其说这是一家酒店，不如说这是一个家。我们的终极目的——未来这里是家人居住的地方，有空的房间也可以接待一些客人，出发点就是让人舒服。

老 K： 这里有很多主人文化的烙印，真的有民宿的感觉。之前很多人曾说，与中国台湾地区和日本相比，内地的民宿业最大的区别就在于，大部分主人不住在民宿里，缺少主人文化。

熊灿： 早期有人给我们提议，请一个酒店管理公司或者托管，我不愿意。这就像自己生的“孩子”，我就要自己养，如果自己不管理，这些东西就不是自己的。如果想经营好一家客栈，设计完成后并不意味着工作就结束了。那些美

01　02

03　04

05

06

01 卧室
02 会客
03 客厅
04 庭院休息区
05~06 洗漱空间

的东西摆在这里，不可能永远那么美，必须要用心去经营，按照自己的生活方式和生活理念，体现设计的在地化。

姜湘岳：以前我认为设计是生活的全部，但是现在改变了，设计真的只是生活的一个部分。大理的酒店多属于类型的精品，目前这种类型的度假酒店的商业形态是怎样的？与其他类型的酒店运营模式有什么不同？我也想听听在地化的解说。

老K：大理的酒店形态比较特别，不拘泥于某种形式，有多种模式，每一种模式都有针对不同客群的空间。以无舍为例，我们设计的时候，也就是想两个点：第一是客人到这里能够放松，感到很舒服；第二是我们为客人提供这样的空间，其中的陈设和设施比日常生活的要高出一个档次。从这两个层面上看，还是比较成功的，达到了不断吸引更多客群的效果。

李益中：最后事实说明，你的模式非常成功。

老K：再如大理古城中的项目，完全是自助式的民宿。那些古老的白族院落，阳光、空气都特别通畅。我们将石头和木头结构的老房子改造为客房，增建客厅和厨房，给客人一个居家的感觉。其实改造比建造新房的成本高很多，但是我们拥有一点情怀，想做一些尝试。我们只负责迎接客人，客人住进去之后，就不再主动为他们服务，他们有问题需要帮助，就微信联系管家，我们只接不送。后来发现这种自助模式也很好，我们提供所有的厨具和餐具，客人一住下来，就向他们介绍附近的菜场，他们自己去买菜做饭，厨房的使用频率非常高，他们反映住在这样的院落里非常舒服。

这种民宿酒店，服务特别重要，物品的选择，与客人的沟通互动，都体现出主人的文化气质。

李益中：深圳李益中空间设计创始人 / 浥尘客舍主人
孙华锋：河南鼎合建筑装饰设计工程有限公司首席设计总监
高超一：金螳螂建筑装饰股份有限公司设计总院设计总监
姜湘岳：江苏省海岳酒店设计顾问有限公司总设计师
赵扬：赵扬建筑工作室主设计师
老K：大理无舍酒店主人
熊灿：深圳李益中空间设计陈设总监 / 浥尘客舍主人

01　02

03　04

05

06

后记

POSTSCRIPT

高超一：客舍青青

我们一行，到大理去看益中的最新出品。

一下飞机，就觉得一切是特别的明亮，到了高原，似乎真的觉得离太阳近了点儿。出机场，绕城区，经洱海，俄顷，爬向花木郁郁葱葱的山坡，最后，车停在一个安静的小区。一切悠悠然，时光仿佛停滞在绿色之中。通向客舍，是一条小径，竹林掩映，“初极窄，才通人”。院门，虽用钢骨玻璃，形态却像草庐柴扉。进院，迎面一截清水泥短墙，像屏风又似照壁，嵌有“浥尘客舍”四字，锈迹斑驳，猜测定是设计师故意将风霜岁月提前镌刻上去了。

主人引领，我们穿堂入室，上下腾挪，从起居室，到开放厨房和早餐厅，到正餐厅，到各个卧室，到每个院落，一直到屋顶的露台。然后，各自陆续坐下来，一边聊天，一边就着茶细品这些空间的味道。于我，印象最深的是院子，阳光中庭和“天台”。几个院子环绕建筑，设计师着笔不多，却把与室内空间的关系处理得相当妥帖，特别是前后两个下沉庭院，让半地下层的房间成了连接自然的独自完整的小天地；中庭，我以为是整个空间的“诗眼”——通高三层的室内天井，悬浮在长餐桌上的玻璃顶，把天空框了进来，阳光沿着白墙，倾泻，一直跌落到地下一层。天井一侧的楼梯和连廊也因为天光而使二者联为一个整体；而天台，则是这个空间的高潮了。设计师巧用屋顶雨棚，“凭空”加出了一个“天台”。拾阶而上，视平线陡然被 360° 打开，客舍，一下子出乎意料地和东面天际的洱海、西面茫茫苍山遥相呼应；而最终真正让人从高潮中回归平静，细细感受这空间韵味的，是“蛰伏”在各个角落的卧室。

01 对谈
02 合影
03 半开放会客厅
04 卧室

01

02

细品这个“酒店”，觉得和通常的“酒店”或者“精品酒店”相当不同。其一，模糊了酒店设计的模式。这里没有通常的酒店设计“腔调”——从功能组织到设计语汇都与“通常”有别。其二，模糊了酒店和居家的界线，甚至模糊了民宿和居家的界线。其三，模糊了建筑和室内的界线。益中一再说，这个项目，他对建筑动得很少。然而我觉得，一连串的空间自然而然地被串联在一起，大开大合，而又不露斧凿痕迹，足见设计师的建筑设计功底——我似乎为我的“执念”找到了佐证：室内设计师最好是学建筑出身。其四，甚至模糊了设计与非设计的界线。从行内的角度，处处都能感受到设计师的用心，但又觉得处置得很自然，自然得像随意的东西。而真正模糊了这些界线的重要成因，也许就是这个项目的业主和设计师、主人和居住者之间，是没有界线的。

很多成年累月“为人作嫁衣裳”的设计师，可能都有这样一个梦：自己当甲方，不用迁就别人，随心所欲设计一个自己喜欢的空间。益中率先圆了这个梦，当梦成真的时候，是醒来，咀嚼这个梦？ 还是暂且忘了这个梦转换到别的场景？或者在这个梦里睡得更沉？这个，也只有他自己最知道了……

03

04

以现代的眼光审视传统，用当代的语言叙述文脉，从时间和空间有限的片段中感知当地的气息和脉搏，用一个接一个的细节去探触这座城市文化的最深处。

Using modern mind to critique tradition, using contemporary language to describe culture, from the limited segment of time and space to feel the pulse and vibes of the region, from each and every details to appreciate the city’ s deepest urban culture.

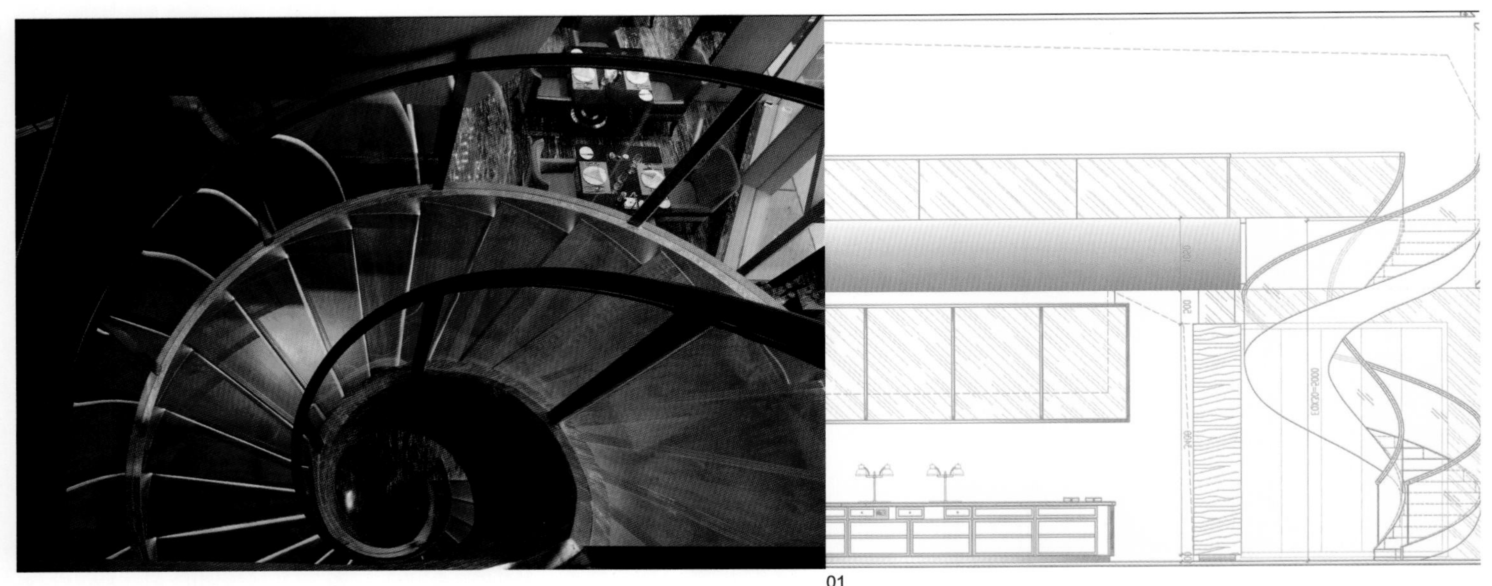

01

BEAUTIFUL SILK ROAD

福州凯宾斯基酒店

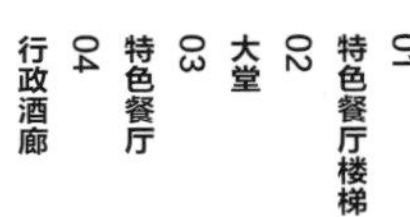

01 特色餐厅楼梯
02 大堂
03 特色餐厅
04 行政酒廊

项目名称：福州凯宾斯基酒店
项目地址：福州市东二环泰禾广场
设计单位：YANG 设计集团
参与设计：吴尚荣
项目面积：32652 平方米
设计时间：2014 年
开放时间：2016 年 5 月
摄　影：陈乙
主要材料：晚霞红玉 意大利木纹石 桃花芯树杈 枫影木

主创 杨邦胜

设计 黄盛广

扫描二维码
观看案例详情

02

03

04

01

福州是东南沿海历史文化名城，也是中国著名的侨乡，素有“海上丝绸之路门户”的美誉。古福州人外出打拼，远渡重洋，选取寓意旅途的行李箱为意象进行酒店前台的设计，结合悬挂于吧台背景的福州漆画，将那个时代的乡愁之味隐隐流露。清代的福州马尾船政文化影响深远，设计师借取“帆”的概念，在大堂内运用366片手工雕刻的单片，构建了一幅宏大的壁挂装置——远航。整体装置高8.5米，宽8.2米，气势恢宏，象征着福州人民团结一致、坚强不屈、奋勇进取的精神。单片造型同时与福州传统建筑的瓦片极为相似，让设计融入福州“三坊七巷”的地域文化，传承当地历史风情，典藏古城记忆。

作为福州的市花，茉莉几乎与古城福州同在。西汉时，茉莉便从印度传入中国并在福州落户，从此便成了福州人的最爱。在酒店客房的色彩设计上，借鉴了茉莉清雅温润的颜色气质，将一片片轻盈优雅的茉莉花瓣点缀在床头的墙面上，神清骨秀，给人一种“一卉能熏一室香，炎无尤觉玉肌凉”的清澈之感。大堂以及宴会厅的水晶吊灯，也以茉莉花的造型为灵感，选取代表永恒和尊贵的施华洛世奇水晶，并以

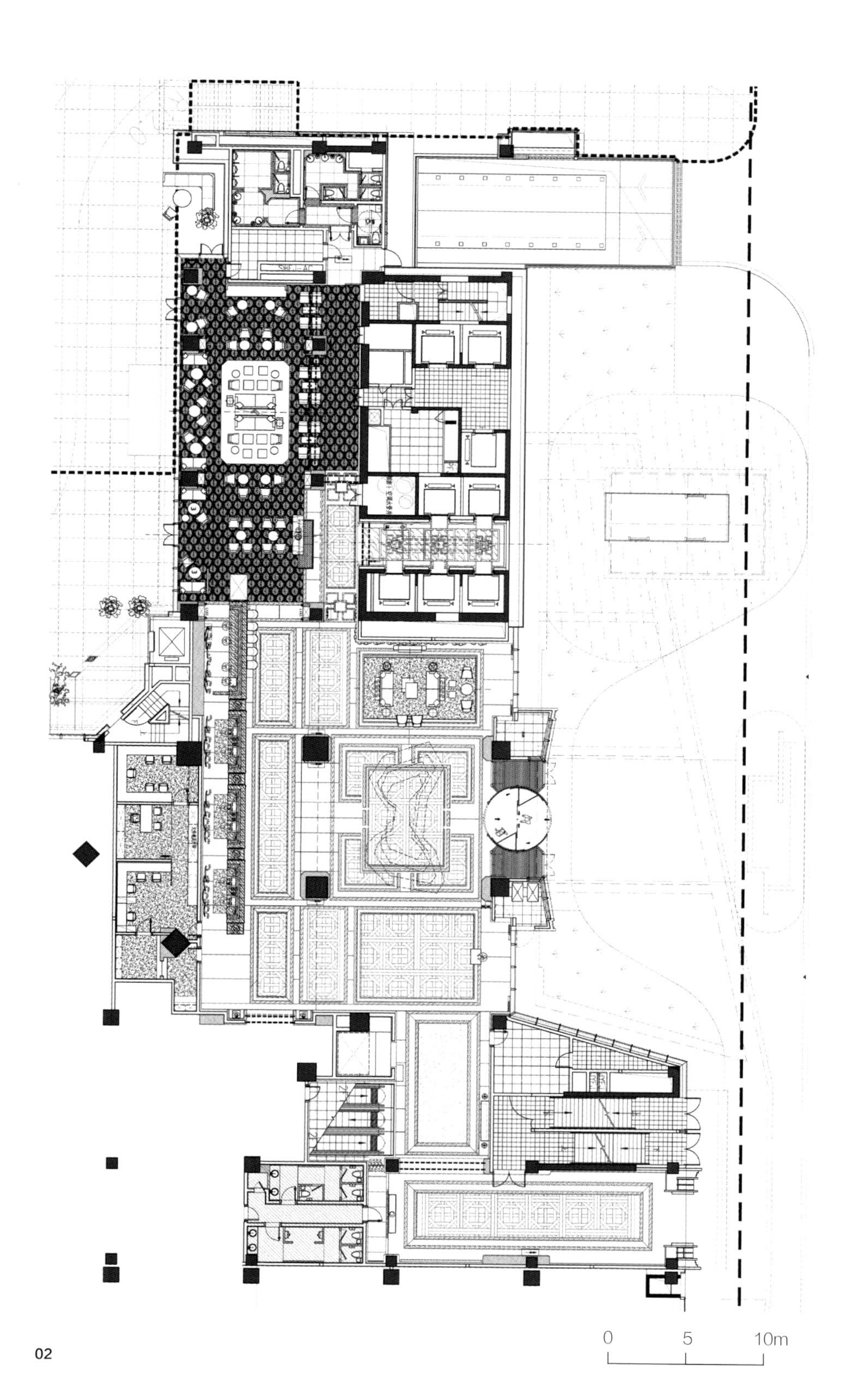

02

03

钻石切割的现代创意设计理念精心打造，将施华洛世奇水晶与千变万化的光线完美结合，如同海浪一般层层翻动，营造出璀璨缤纷、光彩夺目的奢华视觉效果。

与此同时，酒店各个空间的细节处理无不彰显出凯宾斯基尊贵奢华的德系风范。金属的镶嵌与收边结合石材的恰当运用，使空间富丽之中饱含沉稳，精致之余又不失大气。

设计融合了欧式风格和中国元素，将寿山石的格调美植入空间中，权衡了福州本土文化，同时金属材质的运用延续了凯宾斯基的德系血统。以现代的眼光审视传统，用当代的语言叙述文脉，从时间和空间有限的片段中感知当地的气息和脉搏，用一个接一个的细节去探触这座城市文化的最深处。

01 全日餐厅
02 平面图
03 大堂

设计倾注了精神和品质。族徽的设立是为这个大宅注入的第一个符号概念，大宅是人生光辉和成就的体现，是传世的珍宝，当然更是家族的荣耀。

Spirit and quality were infused in the design. The establishment of crest is the first symbolic concept for this large room, the large mansion presents the accomplishments and glory of life, it will become family heirloom, and it is certainly family pride.

01

CUSTOM-DESIGN GLORY

上海绿城玫瑰园定制大宅

01 楼梯细节
02 楼梯仰视
03 中庭

精选 Featured

主创设计

萧爱彬

项目名称：上海绿城玫瑰园定制大宅
项目地址：上海市闵行区中青路
设计单位：萧氏设计
参与设计：詹永林 何继鹏 赵凯
项目面积：6667 平方米
主要材料：美国安德森地板 德国汉诺地板 递展意大利家居 绿玉石 意大利灰金丝楠木

扫描二维码
观看案例详情

02 03

宅子历时两年落成，位于湖边，占地 10 余亩，风水极佳的南向开阔地，东南两边曲水环抱。入口为北向，房门朝西北，大门开启规避北开向。整幢建筑在百年老树的掩隐下若隐若现，彰显着气派。

后花园是景观核心区域，除本来具有的 20 米泳池和独立茶室外，还增加了永久性的曲形廊、花径和钓鱼台。曲形廊的建造是主体，建筑材料和样式的延伸，与主体建筑完美统一。曲形廊围合使院子有了聚气的感觉，与西南角的茶室、南向的钓鱼台气韵贯通，颇为气定神闲。

花径的安排，虽然很西派，但间作区隔大草坪和泳池，仍见东方美学的思想。“犹抱琵琶半遮面”，曲径通幽，形断意连。通过移步换景，产生妙趣，让每一个空间独立成群，具备各自的功能。

01

02

03

泳池与茶房形成组团，是家庭聚会最好的地方。主体建筑的家庭室早餐厅，面对泳池，出来即与茶房相连，户外的篝火、休闲座椅，是该区域的中心。篝火台代茶几，成为视觉的焦点，当夜幕降临，篝火燃起，跳动的火苗，倍感温馨。

曲形廊包裹着一个安全儿童乐园，软地面、滑梯、攀岩过山桥，还有音乐、喷泉、3米高的水柱，是小朋友夏天嬉戏玩耍的天堂，老人可以坐在廊下品茗纳凉，看着孩子，享受着天伦之乐。2米高的绿植把乐园与大草坪区分开，让这片足够气派的绿地，坐拥主体建筑群，可以供主人开300人的大PARTY。

除了所需要的功能和视觉，设计更倾注了精神和品质。族徽的设立是为这个大宅注入的第一个符号概念，大宅是人生光辉和成就的体现，是传世的珍宝，当然更是家族的荣耀。

业主喜木缺金，族徽的形为“Double Tree”。围绕族徽，展开了室内空间的规划。金丝楠木的树形木雕，支撑起了挑高的大厅，“三国演义的16个故事”与后现代装饰的柱形森林制造了梦幻般的混搭效果。

每一件家具，每一件饰品，都是在世界各地精挑细选，以意大利“递展品牌”家具为主线的空间陈设，均通过设计师与品牌商的反复切磋达成量身定制的效果。吊灯是室内的亮点之一，大部分灯具都是捷克水晶，每一区间的灯都经过反复设计修改和确认，才最终呈现出来。

精细入微的观察和发现，保证大宅没有任何遗留死角，每一个细节都做了精心的处理，每一件物品、每一处装饰都经得起时间的检验和洗礼，以精细求环保，以达到传承的目的。

04
05

06

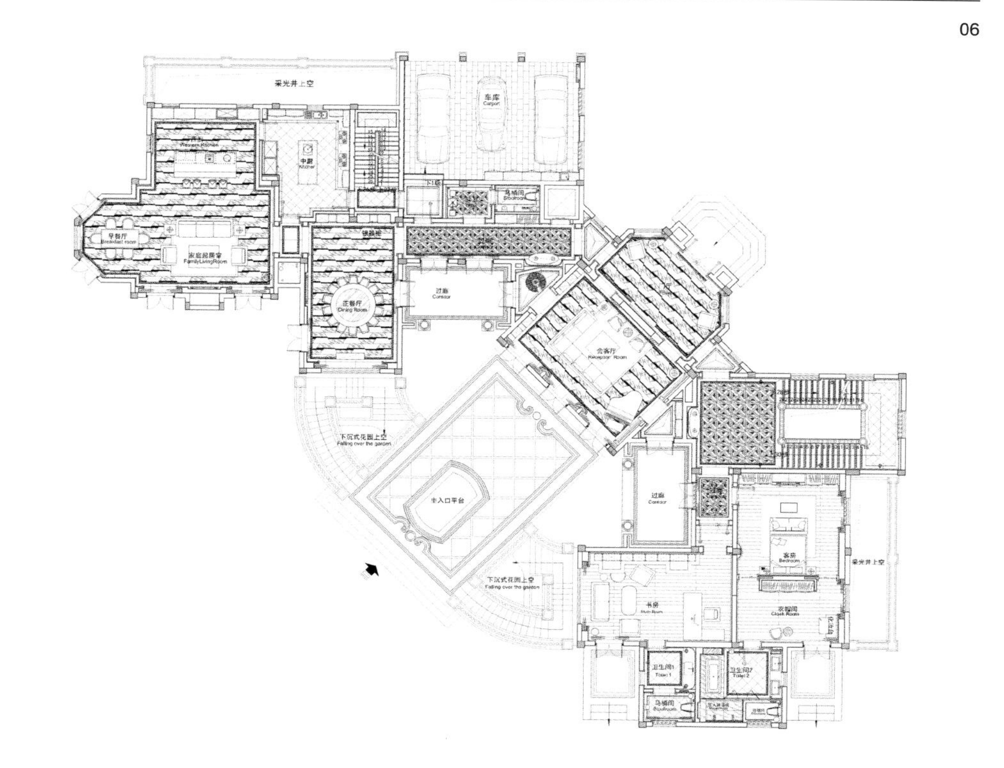

01 休闲区
02 茶室
03 客厅
04 厨房
05 一楼客厅
06 平面图

穿过树影婆娑，由窗外望向入口接待区，一幅山水画卷正徐徐铺展开来。室内外平滑如镜的“水景”缓慢过渡，别具匠心的艺术装置化成“远山”，串联起访客对于桂林山水的记忆。

A natural scene is slowly opening up through the waving tree branches. The tranquil “water scene” of the interior and exterior slowly goes by, uniquely designed decorations looks like the “faraway mountain”, brings out the visitors’ memories of the Guilin scenes.

01

THE TRANQUILITY OF THE NATURAL SCENERY

桂林华润中心售楼处

01 模型区细节
02 入口接待区
03 外观夜景

主创设计

秦岳明

项目名称：桂林华润中心售楼处
项目地址：广西桂林市秀峰区
设计单位：深圳市朗联设计顾问有限公司
参与设计：肖润 方富明 何静
项目面积：1045平方米
完工时间：2016年
主要材料：白木纹石材 不锈钢 树脂板 金属漆木格栅 木饰面 墙纸

扫描二维码
观看案例详情

02
03
CITY CROSSING
华润中心

01

02

桂林的山水，让历代文人雅士沉醉忘怀，也因此形成了独特的山水美学。山水美学在宋朝达到顶峰，而居住美学却跟随时代不停衍生、发展。本着对山水美学的尊重与敬畏，我们试图将其与当代居住美学融合，人文、自然共同拓展，营造出一方轻奢闲适的雅致空间。

设计师深谙桂林山水的本质，于是，在创作过程中提炼出“山”“ 水”“ 石”元素，用来向这片土地致敬，并通过现代手法、水墨意象来演绎空间韵味。穿过树影婆娑，由窗外望向入口接待区，一幅山水画卷正徐徐铺展开来。室内外平滑如镜的“水景”缓慢过渡，别具匠心的艺术装置化成“远山”，串联起访客对于桂林山水的记忆。

01 洽谈区与模型区
02 平面图
03 模型区
04～05 商业模型区

03

04

05

墙，与墙、与家具、与艺术品的关系以及建构的方式进行对话，光作为伴奏始终参与其中，形成一种语言——空的语言。“小白”，是真实的空间对话。

The relationships between wall and wall itself, and furniture, and artworks form through the dialogues of design and construction, while lighting is always present as accompaniment, together they become a type of language. The language of emptiness. “Tiny emptiness”, is the conversation for true space.

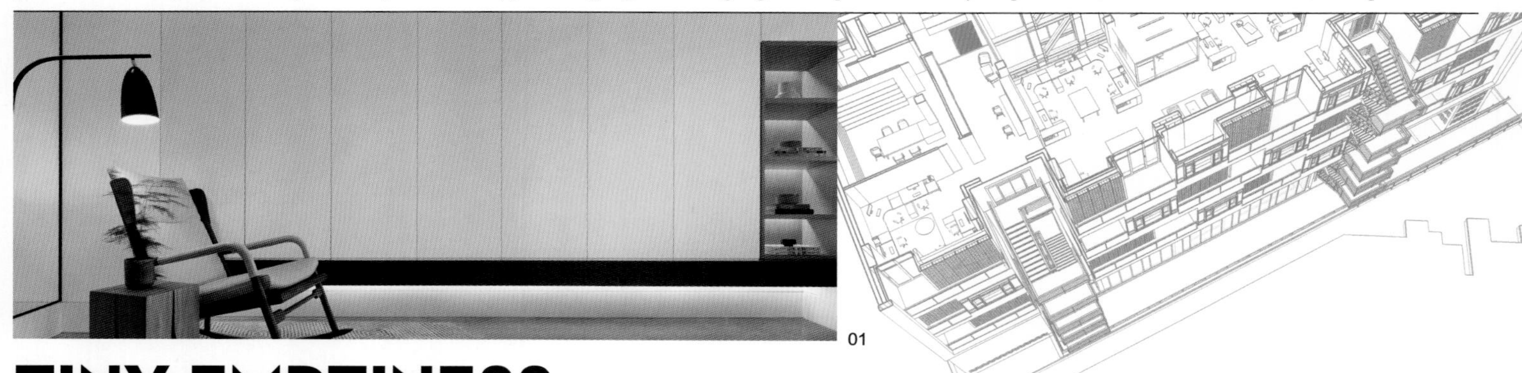

TINY EMPTINESS
郑州美景东望别墅样板间

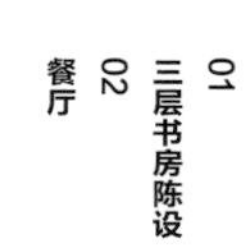

01 三层书房陈设
02 餐厅

主创设计
琚宾

项目名称：郑州美景东望别墅样板间
项目地址：郑州市郑东新区
设计时间：2016年10月
项目面积：500平方米
参与设计：刘胜男 陈道麒 葛丹妮 聂红明 秦雄雄 吴晓婷 刘小琳
摄　　影：井旭峰

扫描二维码
观看案例详情

很多年以前听过一个故事，关于豆腐汤——用各式好料熬就，最后只取汤汁，放几块老豆腐吸油、正味，呈上时，看上去就是清爽简单的豆腐汤。

这套房子名为“小白”，很简单的名字，是描述，也是定义。项目上下五层，是“东望别墅”楼盘中四套样板间之一。从建筑阶段开始的设计总是会比平常的多出一些可能性来，有围合的下沉式庭园，有伴着庭园的廊桥与回廊，有挑高的会客空间，有可以用于放空的天井园林，也有空间之间的透、露组合给予后期的多重不同体验的空间形式。当这些空间的基本元素组合出动线的同时，也形成了这个住宅的性格与表情。墙，与墙、与家具、与艺术品的关系以及建构的方式进行对话，光作为伴奏始终参与其中，形成一种语言——空的语言。“小白”，是真实的空间对话。

在我看来，空间造型代表着一种向往，是可以由着人的情操自生的。从潜在的状态导向现实的状态，从在场的东西引出不在场的东西，如果单从精神境界方面解读，那么，不能说是空间从设计而出，而是经过设计，将这种空间还原了。

其中的多处留白，是对空间本质的呈现，也是对情境塑造手法的剥离。建筑立面在地性十足的黑灰色石材，空间围合构建的氛围，以及以后生活方式的倡导，都在试图指向某种更有精神层面意义的中国乃至东方。这或许是我现阶段文化理解的一种路径，一种内心的抒发和阐释的说法，但并不排除其作为空间本身所具有的积极意义。

02

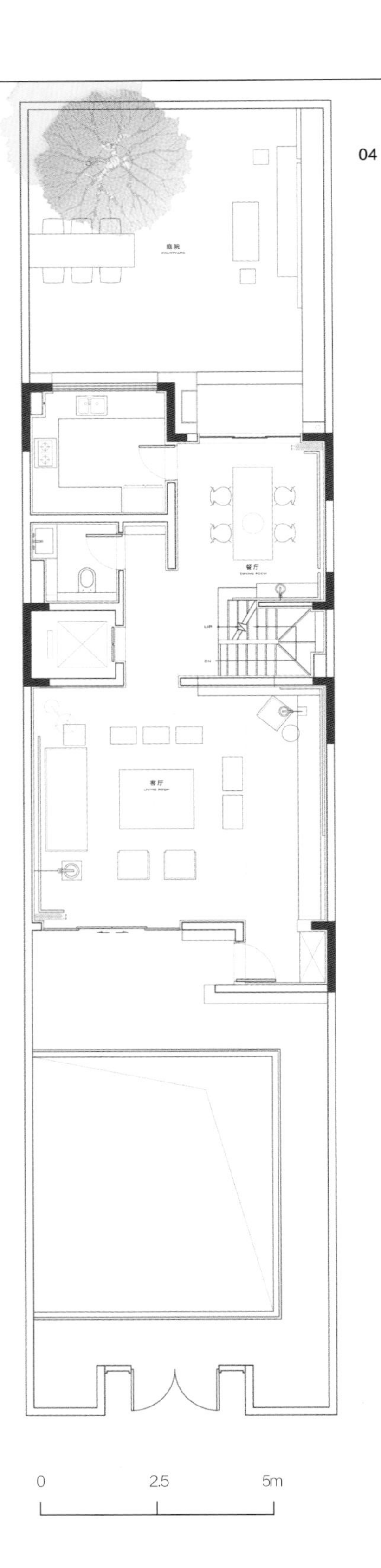

04

这套作品里，有亲近，有疏离；有柔情，有豪放；有素净，有闷骚；有严谨，有洒脱……其中，包含了我期望的精神世界里的大部分主题。或许可以这么说，每一个身处其中的人，都能在不同的生活状态或情绪里，找到和这个空间属性相契合的点。

室内设计在延展建筑设计语言的同时，也需结合营销的落地性，做出一个对美以及生活方式纾解的策略，两套是判断性的市场需求，另外两套就是我主张和提倡的设计了。这一套是“简”，是少的空间建构的对话，也是最大限度满足功用后，对当时设计建筑的呼应。

中国音乐中有道调、儒调、黄老调，无论是仙意缈缈还是雅乐飘飘，都应该是平和、干净、婉转、耐听的。为了使室内气韵有音乐的变化，我借屏风这个载体，给空间映了种颜色，其上抽象后提取的荷叶、荷梗图案，既有美观功能的同时也兼顾了文化属性。色彩明媚的艺术品点缀其间，属于高音符，属于点睛回神的音调，属于内里认知的修养反映。陈设品中的陶罐、木雕、石雕对应着传统审美的高古与拙美。空间中有空性，空性中透着静寂，静寂中并无凝滞，内在跳跃。整体空间追求光明而非明亮本身。在我看来，光明感是种不可或缺的从容，是内心的向往、情绪上的激荡，是一种气魄和精神。

就整体设计而言，给人感觉很健康，无不足，亦无过剩。曾预想甲方和市场接受度也许不会特别高，但开盘当天就全部售罄。这是我现阶段喜欢的设计，也是我近年来的理想生活模式，所幸在此实现了。

01 客厅
02 楼梯节点
03 卧室
04 平面图
05~06 客厅

05
06

材料上运用林木、茅草屋、的瓦石，结合传统的中国元素，打造一个近乎自然、符合现代城市人们审美、贴近沉稳、优雅宁静的空间，使就餐者体会到幸福感。

Thatched cottage, woods, tiles and rocks as well as traditional Chinese elements, along with country living and pastoral flavor to create a relaxed environment, and stimulate diners taste buds, making patrons to enjoy the nature while inside the city.

01

HIDING IN THE CITY

北京隐厨 · 中国菜馆

01 走廊
02 卡座

主创设计

王兆明

项目地址：北京朝阳区三里屯
设计单位：北京唯美同想环境艺术设计有限责任公司
参与设计：赵红军
软装设计：哈尔滨唯美源装饰设计有限公司
完成时间：2016年6月
建筑面积：850平方米
摄　　影：辛明雨
主要材料：铜板 雕刻 灰瓦 木材

扫描二维码
观看案例详情

02

“小隐于野，大隐于市”。

在这喧嚣的都市中，真心渴望有一处静谧的空间，让我们回归自然、探寻真我。城市快节奏的忙碌生活，往往只有在餐时刻才使我们脚步停歇，三五好友相聚谈天，或是寻找自我心灵的慰藉。在适当环境的烘托下，食物可以更加美味，良好优雅的就餐环境能让美食将其自身的魅力散发得尤为透彻。这种淋漓尽致的美需要热爱生活的我们在无尽繁华的世界里去寻觅。这种美一直都存在着，就隐藏在每个人的内心深处。

“隐厨·中国菜”空间环境的设计理念也由此而生，中国的美总是讲求内敛、含蓄，那“犹抱琵琶半遮面”的动人，可以让人们慢慢品味、细细琢磨……

空间设计亦如做菜一般，设计师在材料上运用轻松和谐的林木、与世无争的茅草屋、自然古朴的瓦石，结合传统的中国元素，通过思考、提炼、组合，为这个处在繁华中心的空间竭力打造一个近乎自然、符合现代城市人们审美、贴近沉稳、优雅宁静的空间，使就餐者体会到幸福感。

那美味隐在喧嚣之中，隐在匆匆年华之中，隐在多彩世界之中，等待着有心人、有缘人的到来。舌尖上的艺术——“隐厨·中国菜”愿与您不期而遇……

01

02

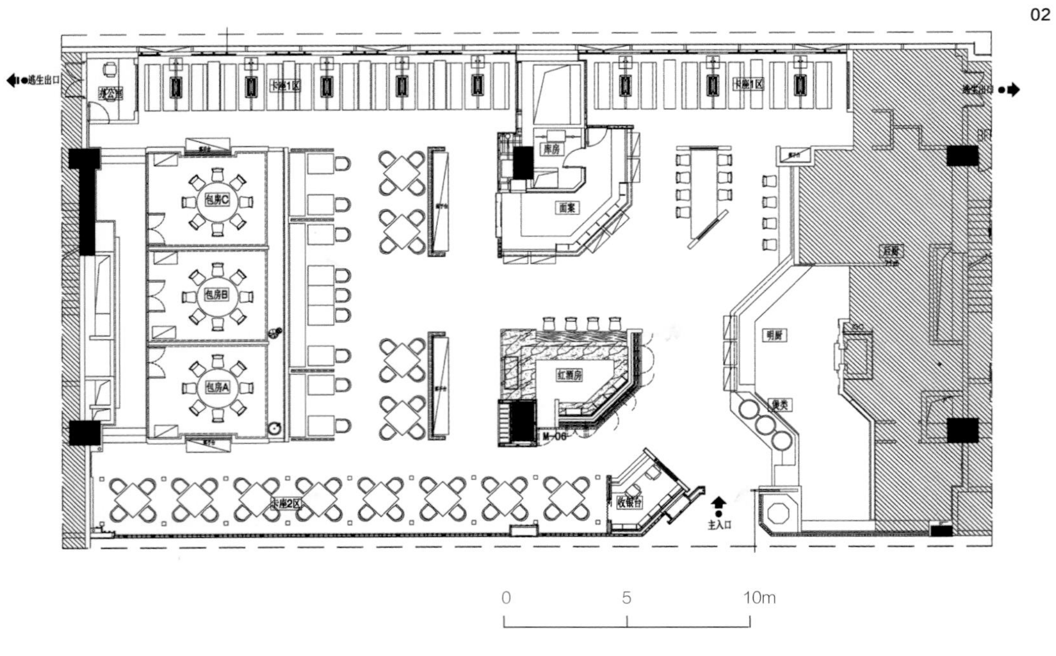

01 就餐区
02 平面图
03 操作区
04 墙面细节
05 卡座区
06 通道
07 明档区

03
04
05
06
07

透明的外墙和玻璃楼梯间，屋面平台的透明顶棚，无论阴雨连绵，还是湛蓝天空，都能让人们在此享受到自然变化带来的美，感受这栋绿色建筑的自由呼吸。

whether it is raining days or sunny blue sky, the transparent outer walls and glass staircases, and transparent ceilings of the decks, all let people to enjoy the changing beauty of nature, and to experience the breathing of this green building.

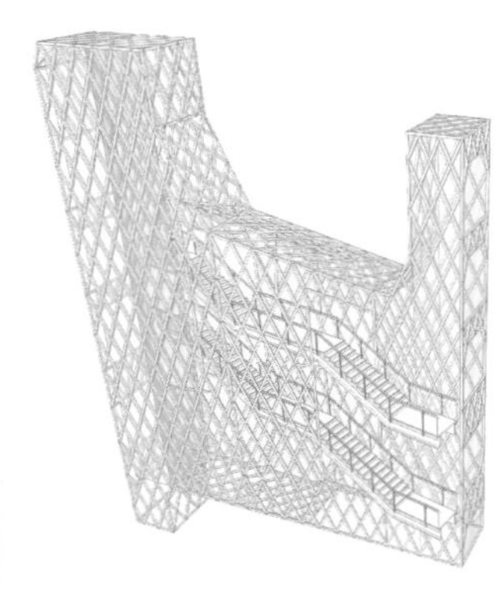

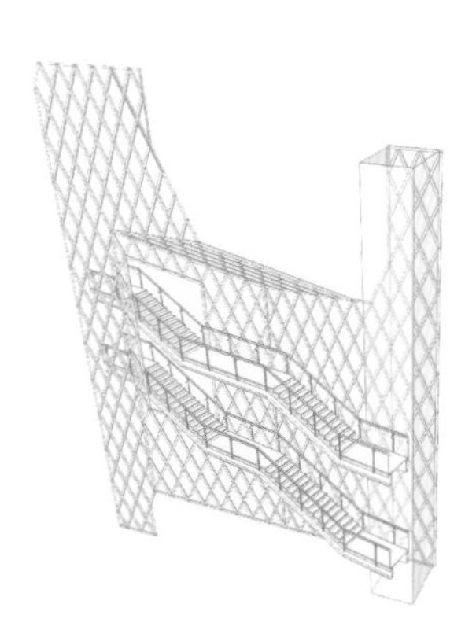

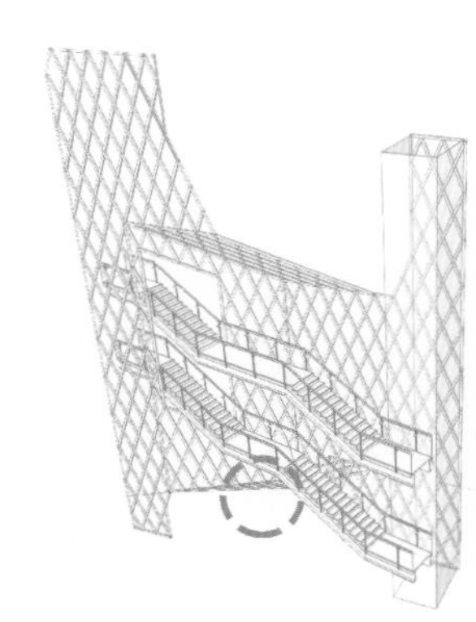

01

BREATHABLE GREEN SPACE

上海沪上生态家改造

01 外立面
02 中庭

主创设计

沈迪

项目名称：上海沪上生态家改造
项目地址：上海市浦西世博园南车路
设计单位：上海现代设计集团创作研究中心/上海现代建筑装饰环境设计研究院有限公司
项目面积：3147 平方米
参与设计：高文艳 徐极光 江涛 任燕
主要材料：金属铝板 亚克力 木饰面 防腐木 建筑回收材料

扫描二维码
观看案例详情

02

01

02

03

"沪上生态家"是一幢以绿色生态为理念的绿色"三星建筑"，曾经代表上海参展 2010 年上海世博会，是唯一的实物案例项目。地上五层，地下一层，建筑用地 774 平方米，建筑高度 20 米。其最初的室内设计通过空间环境塑造与建筑技术、材料运用两个方面，展示了与都市居住生活密切相关的节能减排、资源回用、环境宜居、智能高效等四大技术体系在"过去、现在和未来"三大时期的应用情况，世博会期间吸引了近百万的中外参观者。如今，伴随后世博效应，沉寂多年的沪上生态家迎来自身的改造，作为上海现代设计集团科创中心的办公空间而重新焕发生命力。

从设计最初开始，保留沪上生态家"绿色、节能、地域性"的建筑属性，打造一栋会呼吸的建筑空间，就成为改造的既定目标。在此基础上，再将其改造为满足各部门对办公、会议，以及科研成果展示等多样化空间需求的，环境与创作、科研有机结合的人性化和谐空间。

"重生"后的"沪上生态家"，中庭从地下一层贯穿到顶层，四层办公空间通透敞亮，毫无压抑之感。通过透明的外墙和玻璃楼梯间，抬头便见外面满墙的植物和远处的风景，而屋面平台"阳光房"般的透明顶棚，无论阴雨连绵，还是湛蓝天空，都能让人们在此享受到自然变化带来的美，感受这栋绿色建筑的自由呼吸。

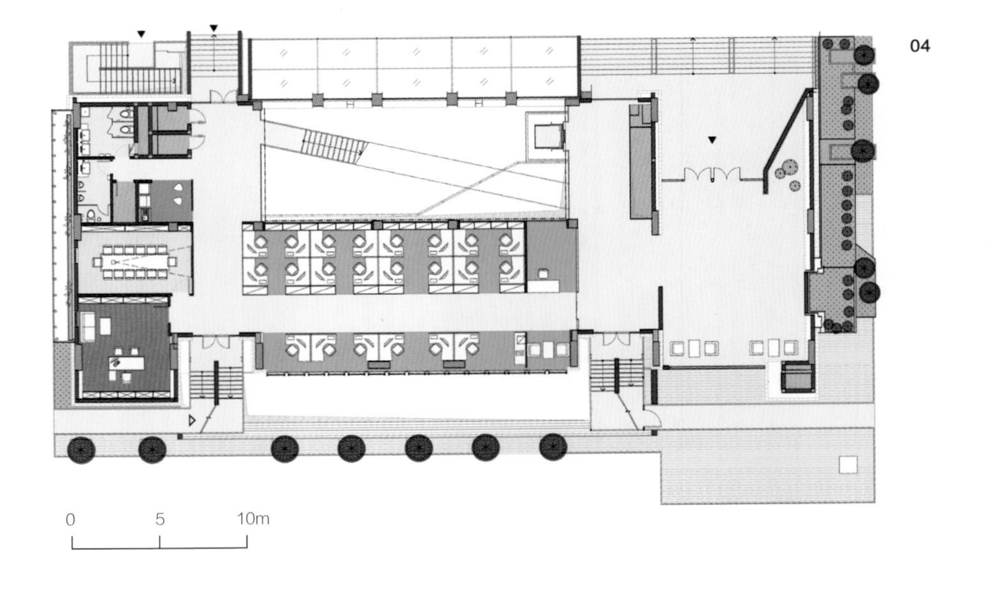

04

01 外观
02 走廊
03 会议室
04 平面图
05 入口大厅
06 办公区

05

06

上海 RIGI 睿集设计办公空间

主创设计：刘恺
项目地址：上海长宁区
设计单位：RIGI 睿集设计
项目面积：250 平方米
摄　　影：文仲锐
主要材料：白色乳胶漆 毛毡 灰色地砖 木纹地胶 LED 灯管 黑玻璃 砖墙

上海

北京山咖啡

主创设计：潘飞 邵志邦 李笑寒
项目地址：北京竞园艺术中心东侧
设计单位：Robot3 工作室
项目面积：600 平方米
摄　　影：邓熙勋

北京

乌鲁木齐美亚巨幕影城

主创设计：蒋国兴
项目地址：乌鲁木齐水磨沟区
设计单位：叙品空间设计有限公司
项目面积：5000 平方米
主要材料：中国黑荔枝面环氧树脂 自流平 黑钛金 不锈钢 灰镜

乌鲁木齐

上海 Intoo 因途自动化科技有限公司办公空间

主创设计：张雷 孙浩晨
项目地址：上海市浦东区
设计单位：目心设计研究室
参与设计：欧阳波勇 王杰
项目面积：78 平方米
摄　　影：张大齐
主要材料：玻璃隔断 实木

青岛喜寿司创意料理

主创设计：刘涛
项目地址：青岛市海尔路金狮广场
设计单位：易禾文生装饰设计有限公司
项目面积：230 平方米
主要材料：锈铁板 玻璃 金属网

深圳当代艺术馆和规划展览馆

主创设计：姜峰
项目地址：深圳市福田区
设计单位：J&A 杰恩设计

深圳地铁 11 号线车站

主创设计： 姜峰
项目地址： 深圳
设计单位： J&A 杰恩设计

深圳

叙品设计苏州分公司

主创设计： 蒋国兴
项目地址： 苏州市昆山
设计单位： 叙品空间设计有限公司
项目面积： 1000 平方米
主要材料： 蘑菇石 木条 空心砖 白色乳胶漆

苏州

峯茶深圳公明店

主创设计： 王锟
项目地址： 深圳市光明新区
设计单位： 深圳市艺鼎装饰设计有限公司
参与设计： 刘进 叶俊峰
项目面积： 192 平方米
摄　　影： 陈启明
主要材料： 木纹砖 木条 铝通 面包砖 水泥肌理漆

深圳

北京凌云光技术集团总部大厦整体改造

主创设计：罗劲 张晓亮
项目地址：北京海淀区玉津东路
设计单位：北京艾迪尔建筑装饰工程股份有限公司
参与设计：陈振涛 李超 郭益克 吴子荣
项目面积：10600 平方米

北京定慧圆・禅空间

主创设计：何崴
项目地址：北京市朝阳区
设计单位：何崴工作室 / 三文建筑
参与设计：陈龙 王琪 赵卓然
项目面积：450 平方米
摄　　影：邹斌 何崴

北京

琼海博鳌道纪养生度假酒店

主创设计：丘曜鸣 刘玟霭
项目地址：海南琼海市
设计单位：S&A 思岸国际设计事务所
项目面积：24000 平方米
主要材料：STO 生态乳胶漆 藤编 柚木家具

广州越秀南沙 C 户型创意办公样板房

主创设计：彭征
项目地址：广州市越秀区
设计单位：广州共生形态设计集团
项目面积：136 平方米
主要材料：地毯 烤漆板 大理石 焗漆玻璃

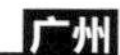

郑州璞居酒店

主创设计：于起帆
项目地址：郑州市金水区
设计单位：河南希雅卫城装饰设计工程有限公司
项目面积：13000 平方米
主要材料：灰色大理石 尼斯木 鸡翅木 硬包 麻布 墙纸

郑州

深圳香格名苑样板间

主创设计：罗海峰
项目地址：深圳市南山区
设计单位：奥迅室内设计
参与设计：黄永恒团队
项目面积：158 平方米
主要材料：石材 实木

深圳

乌鲁木齐叙品茶事创意餐厅

主创设计：蒋国兴
项目地址：乌鲁木齐市南湖东路
设计单位：叙品空间设计有限公司
主要材料：竹 瓦 土

乌鲁木齐

乌鲁木齐水云间茶会所

主创设计：蒋国兴
项目地址：乌鲁木齐市天津南路
设计单位：叙品空间设计有限公司
参与设计：韩小伟 孟学琴 李晔 李静静
项目面积：460 平方米
摄影：吴辉
主要材料：黑色花岗岩 火山岩 海藻泥

乌鲁木齐

北京链家网新办公楼改造

主创设计：张晓亮 王媛媛
项目地址：北京市海淀区上地五街
设计单位：北京艾迪尔建筑装饰工程股份有限公司
参与设计：莱依 唐哲 曹天宇 吴子荣
项目面积：约 10000 平方米
主要材料：木饰面 玻璃

北京

深圳名君会私人会所

主创设计：吴开城
项目地址：深圳东部华侨城景区
设计单位：深圳市凯诚装饰工程设计有限公司
参与设计：林风景 黄海珠
项目面积：6000 平方米
摄影：陈思
主要材料：新西米黄大理石 雅丽米黄大理石 金色年华大理石 酸枝木 艺术玻璃 布艺

深圳

西安优步办公室

项目地址：西安高新区
设计单位：CBI 塑美建筑装饰
摄　　影：Aaron
主要材料：玻璃 瓷砖 水泥

西安

深圳文化创意园办公空间

主创设计：吴开城
项目地址：深圳市福田区
设计单位：深圳市凯诚装饰工程设计有限公司

深圳

杭州潮闻天下会所

主创设计：王益民
项目地址：杭州萧山区
设计单位：饰百秀国际私邸定制
项目面积：1000 平方米
主要材料：原木 石材

杭州

杭州和其坊静庐茶舍

主创设计：徐铨
项目地址：杭州南宋御街
设计单位：徐铨内建筑师事务所
项目面积：120 平方米
主要材料：原木地板 石板 石条

杭州

上海地铁 11 号线迪士尼站室内设计

主创设计：曹兰兰
项目地址：上海迪士尼乐园中心
设计单位：华建集团华东建筑设计研究总院 / 华建集团建筑装饰环境设计研究院
参与设计：王传顺 马凌颖
项目面积：40815 平方米
主要材料：搪瓷钢板 造型铝板 石材

上海

上海北京东路2号办公修缮工程

上海

主创设计：苏海涛
项目地址：上海市北京东路
设计单位：华建集团建筑装饰环境设计研究院
参与设计：程舜 任泽粟 姚铮 陈蓉
项目面积：12920平方米
主要材料：高档环保乳胶漆 进口大理石 柚木饰面 实木地板 席纹地板

墨西哥普拉亚维瓦可持续精品酒店树屋套房

墨西哥

主创设计：Kimshasa Baldwin
项目地址：墨西哥格雷罗州胡鲁初加
设计单位：Deture Culsign, Architecture+Interiors
项目面积：65平方米
摄　　影：Leonardo Palafox, The Cubic Studio
主要材料：竹木石

广州盒里盒外 Peter Fong 工作室

广州

主创设计：陆颖芝
项目地址：天河区华康街
设计单位：Lukstudio 芝作室
参与设计：Alba Beroiz Blazquez, 区智维 蔡金红 黄珊芸
项目面积：250平方米
摄　　影：Dirk Weiblen
主要材料：铝板 木饰面

中海集运船研航运科研大厦办公空间

主创设计：王传顺 薛文龙 朱伟
项目地址：上海市浦东新区民生路
设计单位：上海现代建筑装饰环境设计研究院有限公司
参与设计：于奕文 陈劼
项目面积：20150平方米
主要材料：发光膜 木纹石 木饰面 仿石材玻化砖 成品隔断

上海

乌鲁木齐千禧丽人美容整形机构接待中心

主创设计：蒋国兴
项目地址：乌鲁木齐时代广场
设计单位：叙品空间设计有限公司
项目面积：324平方米
主要材料：黑色花岗岩 浅色实木复合地板

乌鲁木齐

旅行的故事

福州三盛中央公园住宅
主创设计：朱林海
项目地址：福州市晋安区
设计单位：大成设计
主要材料：实木地板 仿古瓷砖 壁纸 彩色涂料

福州

RESEARCH

DESIGN EXPLORATION OF THE OBSERVABILITY OF THE SUBWAY SIGNPOST SYSTEM DURING FLOOD

内涝时地下轨道交通空间导向标识系统可识别性设计探析

以武汉地铁 2 号线为例

刘书婷　华中科技大学建筑与城市规划学院

摘 要

本文通过对人的行为心理、认知规律等方面的研究，从基于视觉的环境行为学角度出发，分析了地铁车站人流动线的特点。通过对暴雨内涝时地下轨道交通的标识系统表现出的突出问题，进行造型及色彩等方面的塑造设计手法的探析，以提高标识系统的信息可识别性、分类内容的完备性及艺术表达性为目标，进行了概念性的构思设计，并对地下轨道交通的标识系统设计在未来应对极端天气提出了新的问题与思考。

关键词
导向标识系统 地下空间 轨道交通 内涝

KEY WORD
Signpost system, subway space, subway traffic, flood

地下空间标识导向是城市设计的必然要求，它把城市环境与艺术设计学科交叉与融合，为人们提供一种导向性设计服务。标识是提供空间信息，进行帮助认知、理解、使用空间，帮助人与空间建立更加丰富、深层关系的媒介，它通过记号的形式完成信息的传递，城市环境中的标识系统属于城市公益配置。凯文 · 林奇在《城市意象》中的“意象”一词为心理学语言，用来表达环境与人互动关系的一种反映，环境意象是观察者与所处环境双向作用的结果，其具有可识别性。琳奇认为城市长期沉淀会形成具有强烈识别性的目标事物，它不是城市特色的唯一指标，但从其他事物中可得到区别。物体让使用者产生强烈并习惯性的印象属性，并以色彩、形式、排列等组合形成鲜明的特征，呈现出可识别的独特城市特征，给人的视觉印象往往是城市建筑风貌、街道形式、地域风情。地下空间标识作为一种特定的视觉符号，同时也是城市形象、特征、文化的综合和浓缩（表 1）。

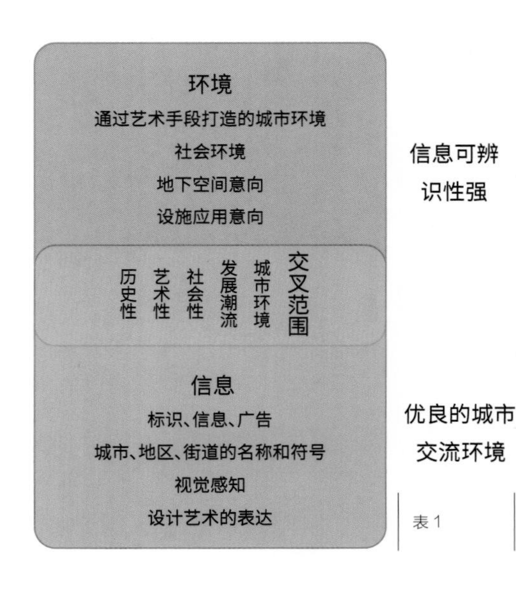

表 1

作为人类遮风避雨的最初场所，地下空间不断被重新定义与利用。地下空间资源作为城市立体化空间发展的重要组成部分日益为人们所重视，更有效地开发利用地下空间已成为全球性发展趋势。地下交通站是功能性、工艺性很强的公共交通建筑，除人流、车流外，信息流的组织也是其功能的重要组成部分，安全、舒适、高效始终是地下交通系统服务的宗旨。地铁车站标识系统是为了让人们在地铁交通中安全、快捷地到达目的地而将各种类型的标识按一定关系组织的，以"导航"为目的所设计的视觉信息系统，它通过颜色、形状、图形材料等要素保持整个系统的一致性，传达关于环境、方位的信息，给予人们识别上的帮助。暴雨内涝对于地下轨道交通系统的顺利运行存在一定突发性和破坏性，也会阻碍受灾时人们快速识别信息和疏散交通。由于地下环境的封闭性、轮廓单面性、自然向导物缺乏、内外信息隔断、可识别性差等一系列的原因，加之人们在面对内涝等极端天气时的惊慌、烦躁、恐惧等情绪会造成心理迷乱、疲劳与压抑、丧失方向感直至危险的发生，这就要求根据人的行为特点设计标识系统，使车站具有明确合理快捷的识别性与导向性。

内涝时地铁交通空间灾害特征及人流信息识别动线特点

内涝时地铁交通空间灾害特征

虽然在地下建筑中，设计清晰明了的空间布局和疏散路线是一个基本的原则，但在紧急情况时，仍然需要依靠标识来把人们引导至疏散出口或避难处，这在空间既大又复杂的地下建筑中或在人们不熟悉疏散路线和程序时尤其如此。因此清晰、易辨的标识系统也是地下空间疏散设计的重要组成部分。

内涝时地铁交通空间灾害有如下特征：出入口易集中危险水流，地下空间能见度低，隧道内障碍物多，疏散速度慢，人的心理等因素导致事故扩大化。

内涝时地铁交通人流信息识别动线特点

地铁交通标识系统（表2）在传递信息时的各个部分是环环相扣的，即使是一个内容很完善的标识系统，其中一部分出现失误，乘客就不能顺利得到信息，整个系统的功能就会受到影响。同时，防灾标识系统是在灾害时最贴近人间行为活动的应急系统，合理有效的标识能够使受灾人员第一时间评估自己的受灾状态、缩短应急疏散的时间、提供一个合理的应急疏散路线等，以此确保地铁应急救援工作的顺利进行，保障使用者的安全以及防灾应急预案系统中各项调度指挥系统、应急救援系统的正常运作。

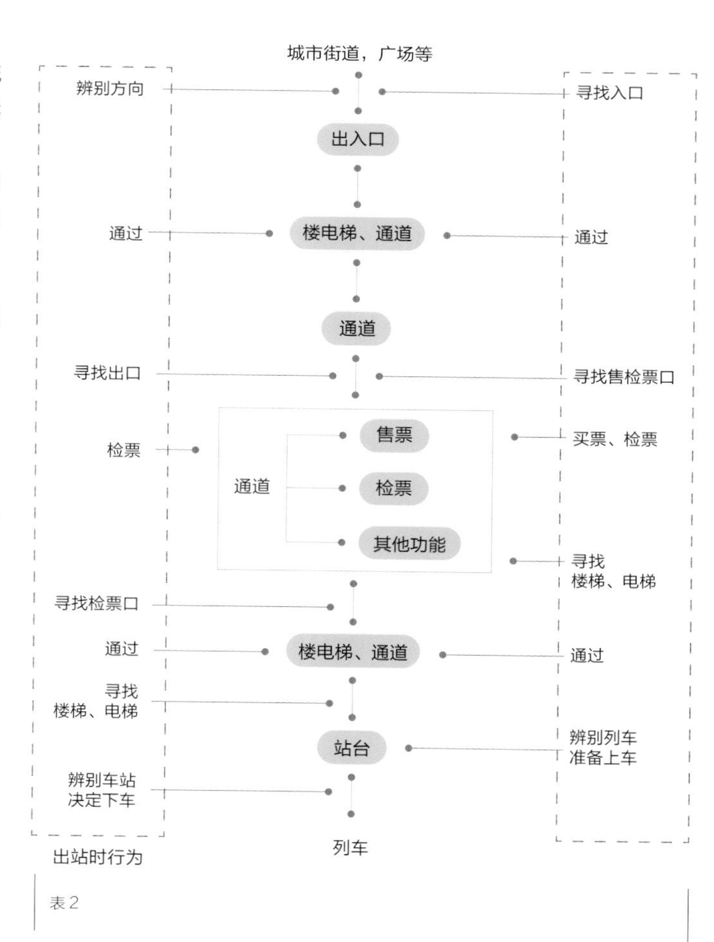

表2

武汉地铁交通标识系统分级、标识设置要点及标识设计原则

标识系统分级

武汉市地铁所采用的标识系统（表3）由两个互补的子系统构成：一个是整个武汉地区的信息系统，另一个是所在区域地铁站的信息系统。每个子系统（表4）都以地图、导向标识和定位标识（包括设施名称、位置等信息）这三种模式向使用者提供资讯。

设置要点

地铁交通空间标识的设置应综合考虑使用者的需求、建筑物的公共管理、空间功能、空间环境、人流流线组织等，通盘考虑，整体布局。当设置条件发生变化时，应及时增减、调换、更新。标识系统的设置应以信息设计为基础，充分分析使用者的信息需求，对需求的信息进行归类、分级及重要程度排序，做到连贯、一致，防止出现信息不足、不当或过载的现象。设置基本要点为：信息指引连贯、一致，点位布置规范、合理，版面风格统一、协调，形式材料安全、实用。

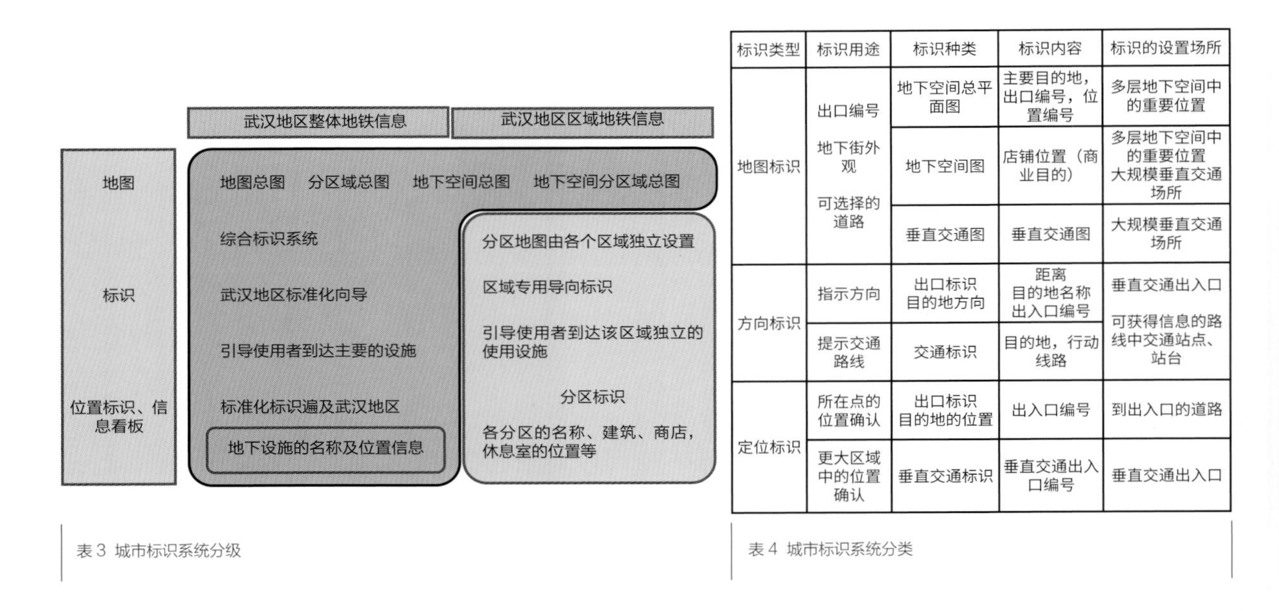

标识类型	标识用途	标识种类	标识内容	标识的设置场所
地图标识	出口编号 地下街外观 可选择的道路	地下空间总平面图	主要目的地，出口编号，位置编号	多层地下空间中的重要位置
		地下空间图	店铺位置（商业目的）	多层地下空间中的重要位置 大规模垂直交通场所
		垂直交通图	垂直交通图	大规模垂直交通场所
方向标识	指示方向	出口标识 目的地方向	距离 目的地名称 出入口编号	垂直交通出入口 可获得信息的路线中交通站点、站台
	提示交通路线	交通标识	目的地，行动线路	
定位标识	所在点的位置确认	出口标识 目的地的位置	出入口编号	到出入口的道路
	更大区域中的位置确认	垂直交通标识	垂直交通出入口编号	垂直交通出入口

表3 城市标识系统分级

表4 城市标识系统分类

设置原则

地铁导向标识系统作为引导人们的信息导视系统，其导向标识必须充分发挥交通设施效能，为达到传达视觉信息的目的，需要从多方面进行分析研究，并遵循导向标识系统的设计原则。

功能性：整个导向标识系统的核心是功能，一切的导向设计目的都是在功能的基础上进行的，地铁导向标识系统在功能上应当具有很强的识别性、指示性和便利性。

规范性：地铁导向标识系统标准化的内容和目的是秩序，功能显示、方位显示都是标识系统设计的重要内容。

艺术性：标识设计的艺术性不仅体现在使用功能上的完备，更要在形态表现、细部元素等方面体现人文精神及视觉的美化。地铁导向设计的艺术性还包括个性化、独创性、人文精神内涵、情感等层面，是达到标识功能性完美程度的表现。

社会性：导向设计是现代社会的需要，它的产生和发展都来自社会，最终目的是推动社会的发展。

内涝时地下交通系统空间导向标识系统造型及色彩概念设计——以武汉地铁2号线为例

武汉市城市概况及地铁2号线现状分析

“黄鹤楼中吹玉笛，江城五月落梅花”，江城武汉市地处长江中游的江汉平原，长江、汉水穿城而过，城市呈现依江发展的汉口、汉阳、武昌三个组团的格局。全市现辖13个城区，3个国家级开发区，面积8467平方公里，境内江河纵横、湖港交织，上百座大小山峦，166个湖泊坐落其间，构成了极具特色的滨江滨湖水域生态环境。拥有多处风景名胜旅游点，是我国历史文化名城之一。

武汉地铁2号线于2006年开始动工，2012年12月28日正式通车。现已投入运行的一期工程全长27.2公里，设有21个车站。武汉地铁2号线一期工程导向标识系统设计在吸收国内外地铁车站标识系统先进经验的基础上，逐步确立了设计思路与设计构架，与我国其他城市的地铁标识相比，具有自己的特色。整个地铁导向系统的基本色标采用排序第一的蓝（灰）底白字的色彩组合，为构建科学的标识体系，武汉地铁2号线标识系统依据乘客的行为动线以及标识的作用进行分类，同时结合城市的特征，相应增加和删除部分标识，进行了包括导向标识牌在内的一整套导向标识设计。

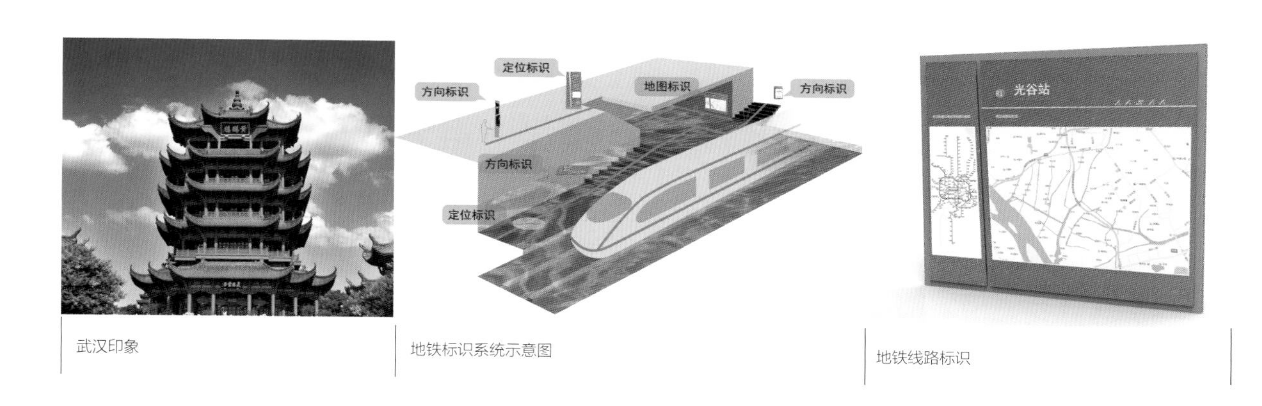

武汉印象

地铁标识系统示意图

地铁线路标识

武汉2号线地铁内涝时标识系统问题分析

2016年7月5日晚至6日晨，连续多日强降雨后，武汉再遭强降雨袭击。受江河湖库水位暴涨影响，武汉城区渍涝严重，全城百余处被淹，交通瘫痪，部分地区电力、通讯中断。武汉地铁2号线中南路、4号线武昌火车站、梅苑小区站等进水，处于临时封闭状态。内涝时，武汉地铁2号线标识系统在使用中表现出了部分问题。在设计中，2号线地铁标识系统融入了武汉特有的文化和城市特征，但并未体现城市与未来发展的趋势。完善了导向功能化、标准化、系统化的设计原则，把标识的国际通用性发挥良好，但在部分细节上仍有提升的空间，在艺术个性化设计上仍有发挥的余地。例如提示牌、站名牌及电子显示屏等部分缺失审美情趣；内涝时，许多标识系统无法快速提示人体所在位置、无法确保遇水是否漏电、断电时安全出口标识是否易于寻找以及部分高差位置是否有警告提示等等。

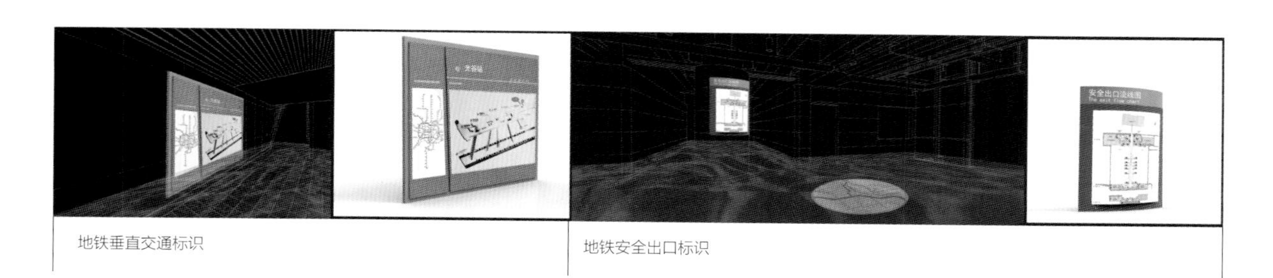

地铁垂直交通标识

地铁安全出口标识

武汉地铁 2 号线导向标识系统创意构思与概念设计

武汉地铁 2 号线是我国第一条穿越长江的地铁，由于武汉城区地质条件复杂，这一穿越山体、高楼、湖泊、长江高风险地带地铁的建成，串起了长江两岸的常青花园、武广、江汉路、中南、街道口、光谷等最繁华的商圈，被誉为武汉市黄金地铁线。依据武汉市现代与历史并存、滨江与滨湖相互融合、密集与活力交织的城市特色，在其地下轨道空间特色塑造中，按照武汉市“有滨江、滨湖城市特色的现代城市”的目标，按照“以水凸现城市的灵性，以绿提升城市的品位，以‘文’挖掘城市的底蕴”的规划思路，将武汉地铁 2 号线设计造型的风格定位为“繁华与活力的交织”。为突出武汉作为滨江城市的自然环境及新城旧城过江往来相互交融的特色，标识系统会选择趋向高明度、低彩度、偏冷色的色彩基调加上充满活力高彩度的色彩进行搭配，着力于塑造一个拥有时尚魅力的地下轨道交通空间。作为滨水滨湖城市，武汉水泽密布，水文化十分深厚，地铁就像是一条条隐形的城市水脉串联起了城市居民和城市灵魂之间的互动关系，每个融入到这个“大城市”当中的人们都像是一滴水汇入

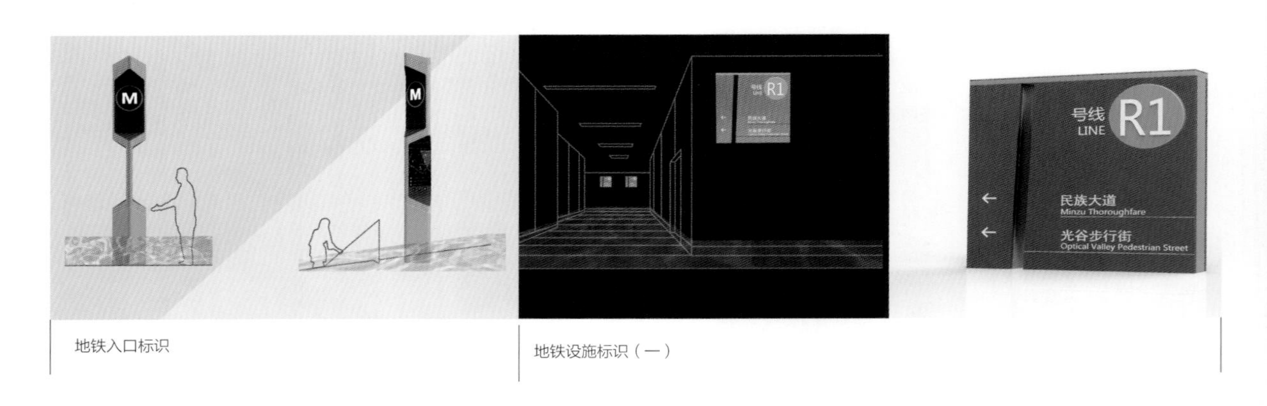

地铁入口标识

地铁设施标识（一）

大海。大武汉回归到自己的滨水文城个性上来，是长江带来江城文质彬彬浩瀚气质的确立。因此此次的设计灵感来源于长江岸线的折线形和书籍折页形象。

地图标识

地下空间是一个相对封闭的空间，如何在其中确定自己的方位是件很困难的事情。疏散标识图，是有效地帮助乘客检索当前地铁位置和地面各种信息的综合信息图，可以帮助乘客获得一个相对准确、稳定的心理安全空间，能在发生紧急事故时及时逃生，协助应急疏散工作的顺利展开。针对这一点，可在标识牌上明确地下建筑的内部三维结构：灾时逃生疏散的路线，明确指出紧急出口和站内出口的位置、方向以及通讯报警电话，灭火器设置的方位。

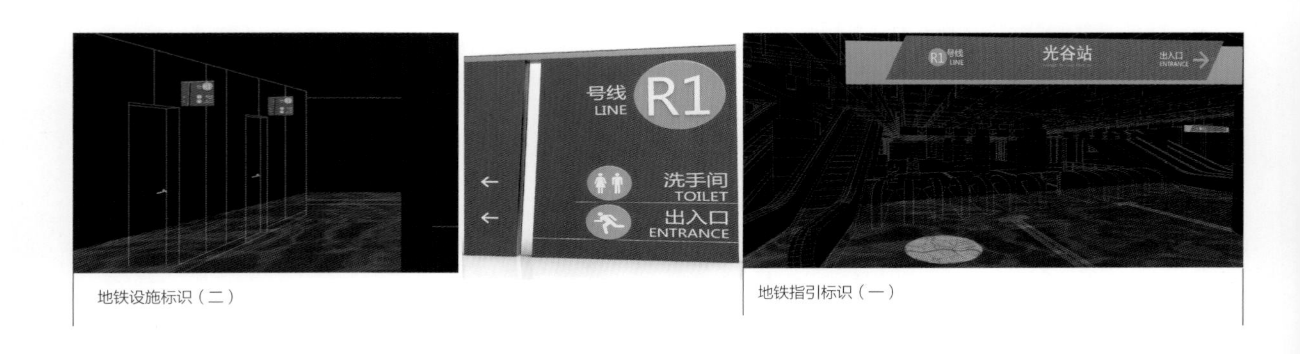

地铁设施标识（二）

地铁指引标识（一）

诱导标识

现在国内地下空间内紧急出口诱导灯标识的悬挂和安置大都与逃生线路同向，当灾害事故发生时，在能见度较低的地下空间，沿着通道方向逃生的人员不易发现标识和分辨紧急疏散的线路。站厅内的柱子底部设有紧急出口标识，发生内涝时，柱子底部的标识有被淹没的隐患，且当人群拥挤时，底部标识可见度降低，不利于紧急疏散工作。在韩国釜山地铁站内，设置了一种多功能的疏散标识装置，该标识装置在光线充足时即为一般疏散标识，当光线较差时，装置两侧就会发光，即为诱导灯标识，同时发出告警声音，从视觉和听觉上同时提供提示。

定位标识

定位标识可考虑不同传递信息的形式，并结合连续性的方向标识传递更加准确的位置。

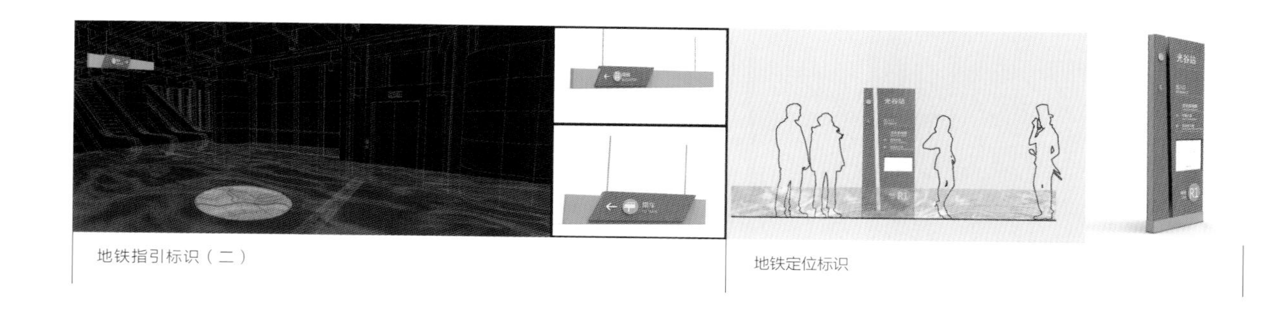

地铁指引标识（二）

地铁定位标识

结语

随着城市地下公共空间开发利用的迅速发展，在缓解城市压力、改善城市环境的同时也带来了许多不容忽视的问题，其中由于标识系统不完善而导致人们在使用中出现导向困难，直接影响到人们对地下公共空间使用的积极评价。在地下交通发生内涝等灾害时，优良的标识系统对于人们安全转移及救灾活动都起到了积极的作用。通过合理设置各种标识系统不仅可以更好地引导人流，缓解人们潜在的心理压力和紧张情绪，还能进一步营造出地下公共空间风格独特、舒适愉悦的环境氛围，更多地渗透出对地下空间使用者的关怀。

在未来发展中，地下空间的开发利用都将成为人类社会生活不可分离的内容，建设生态与可持续发展的城市已经向我们提出了历史性的要求。在科技高速发展的今天，我们还可以为导向标识系统的开发注入许多新的要素：智能化、环保化与技术化的新兴科技手段，都为导向标识系统的发展开拓了良好的前景。

主要参考文献
[1] 崔曙平 . 国外地下空间发展利用现状与趋势 [[J]. 城乡建设，2007 (6):68-71
[2] 王薇 . 城市防灾空间规划研究及实践 [D]. 中南大学博士学位论文，2007
[3] 辛艺峰 . 室内环境艺术设计理论与入门方法 . 北京：机械工业出版社，2011
[4] 辛艺峰 . 现代城市环境色彩设计方法的研究 [J]. 建筑学报，2004:18-20.
[5] 王保勇，喉学渊，束昱 . 地下空间心理环境影响因素研究综述与建议 . 地下空间，2000,20(4)
[6] 石晓冬 . 加拿大城市地下空间开发利用模式 . 北京规划建设，2001(5)58-61
[7] 陈冬丽，王绍基 . 加拿大多伦多市地下街系统 . 冶金建筑技术与管理，1991(6)37-39
[8] 江昼，王娜娜 . 基于视觉认知、造型心理及地方感的城市景观标识造型设计研究 . 华中建筑，2007,25(10):137-147
[9] 王漩，杨眷立，杨立兵 . 国内外轨道交通车站标识系统的比较研究 . 地下空间，2004,24(5):67、76、83

RESEARCHING INTERIOR DESIGN METHODS FOR GREEN BUILDINGS

绿色建筑室内设计方法研究

王挺 浙江视野环境艺术装饰工程有限公司设计总监

摘 要

随着社会的不断进步，绿色理念得到人们的一致认可，为此，室内设计家们一直都在追寻回归自然和关注健康两个目标，绿色设计在室内设计方面大获发展。但是，我国对于绿色建筑室内设计方法的研究仍然存在诸多不足，需要在探讨与实践中不断前进。

关键词

绿色 建筑 室内设计

KEY WORD

Green, Building, Interior design

引言

人类社会在不断进步，人类对于生活环境的理解不断加深，绿色理念已经成为 21 世纪人类社会发展的主题。建筑是人类生活的主要物质载体，从一定意义上来说，室内设计引进绿色观念，十分有助于室内设计行业的不断发展。因此，探究室内绿色设计具有不可忽视的意义，基于此，本文谈谈绿色建筑室内设计方法。

建筑立面西入口透视

东立面

建筑北立面

绿色室内设计的准则

动态进展准则

在经济迅速进步、社会生活步调逐渐加速的今天，室内设计使用周期趋于更短的走向，这使室内环境再次设计、装饰的次数增多，且导致资源的很大浪费。为解决这个问题，我们可利用材料循环使用的方式，以节省更多的资源，降低垃圾对自然环境的危害。作为设计者，在新的设计室内中尽量使用旧建材，并在新设计的材料与配置设备选择中全面考虑未来再被使用的可能性。

以人为本准则

人们的大多数时间在室内度过，室内环境的好坏，对人们的健康有直接影响。不好的室内环境会导致人体受到伤害，其重要缘由是：质量不好的室内气流；糟糕的室内物理环境，如温湿度、照明、噪声等因素；不符合使用准则的空间布置且背离人体工学需求的室内设备设计。所以，绿色室内设计在重视环保的同时，也要了解人们的要求。降低室内环境对人体的损害，符合人体工学的准则，才有可能形成合适的设计方案与方法，进而满足人们生活、身心等方面的需要。

与环境一致准则

绿色设计观念最根本的含义就是以自然和生态优先，与环境一致准则强调室内环境和周围自然环境间的协调关联，室内环境不但要和自然环境协调，还要关注与整体自然环境生态意味上的一致。

西立面

室内视角

建筑物室内绿色设计

合理营造室内气氛

设计师应对建筑物室内空间的组织以及设计要求进行综合分析，充分发挥其使用功能是对空间设计的基础条件，然后根据室内空间组织对空间进行合理的配置。在室内空间设计的过程中，我们需要将空间的尺度以及均衡关系进行综合考虑，然后对其进行合理的组织与分配，符合通风与采光的要求，创造出合理的人居环境。设计师往往会通过改造室内空间环境使室内外通透，或打开部分墙面将室外景色引入室内，形成室内外一体化，让居住者获得更多新鲜空气和阳光美景。在城市住宅中，为缓和高节奏的工作状态，在室内设计中运用自然造型艺术，如绿化盆栽、盆景、水景、插花等，营造自然景观的田园风格，强调自然色彩和自然材质的应用，使居住者感知自然，回归自然，缓和紧张的工作状态，最终实现居住环境与自然环境的和谐统一。

装饰材料的选择和搭配

装饰材料与室内设计密不可分，在建筑装修材料的选择上，绿色材料是指在满足一般功能要求的前提下，具有良好的环境兼容性的材料。绿色材料在制备、使用以及用后处置等生命周期的各阶段，具有最大的资源利用率和最小的环境影响率。按绿色的要求，室内设计应充分注重建材无毒无害、防火防尘、防蛀防污染等问题，必须考虑资源开发和材料的再生利用，使用可降解的建材。设计师应从生态设计为出发点，逐步加大室内空间设计中自然要素的比重，使室内装修装饰更贴近自然。绿色材料选择的三个原则：①优先选用可再生材料，尽量选用回收材料，提高资源利用率，实现可持续发展；②尽量选用低能耗、少污染的材料；③尽量选择环境兼容性好的材料及零部件，避免选用有毒、有害和有辐射特性的材料。

配套区景观陈设　　建筑景观陈设　　洗手区陈设局部

合理利用自然因素

自然光可以通过反射、折射等更好地进行光线处理，自然光的引入除了增强光照，减少用电照明，降低成本，还可以增强室内空间的自然感、营造空间氛围，给人带来舒适感。在自然因素的影响下，引入自然光并不是完美、全面的设计。为了满足室内综合设计的需要，还要采用室内人工取暖、照明等手段，这就产生能源消耗的问题。解决这些问题，可采用建筑外遮阳板、节能玻璃窗及安装双层落地布窗帘等方法。

空调制冷技术是随着科技发展诞生的现代产物，在为人们生活带来舒适便利的同时，也会产生危害，如过度消耗加重能源负荷以及环境污染等问题。现代空调中设计自然风功能，解决了传统空调制冷带来的自然通风难题，将大大降低能源消耗，减少环境污染。

室内视角　　室内陈设局部

结语

近年来，我国经济发展取得了骄人的进步，国民生活水平获得了巨大的改善。现代社会中，全世界都在提倡合理利用资源，保护自然环境，构建绿色生态城市。因此，建筑室内设计也应积极进行绿色建设，加强绿色设计方法的探讨，推动我国绿色建筑的发展。

参考文献
[1] 谢祖良 . 关于室内设计中的绿色设计理念应用探析 [J]. 建筑工程技术与设计 ,2014(29):1130.
[2] 王红梅 . 试析绿色设计理念在室内设计中的体现 [J]. 新材料新装饰 ,2014(4):469.
[3] 刘贵银 , 冯琴 . 绿色建筑设计方法研究 [J]. 四川水泥 ,2014(10):178-179.
[4] 郝俊贞 . 浅议绿色建筑设计方法研究 [J]. 科技与创新 ,2015(15):45-46.
[5] 巫仲强 . 绿色建筑设计方法研究 [J]. 城市建筑 ,2013(2):164-165.

执行编委：宋微建 苏丹

近年来，乡建成了社会热词，国家也相应出台了“美丽乡村”“特色小镇”的建设目标。乡建并非像城建那样单指建设部门的事务，而是分别由农办、住建、文化部门综合负责的涉及“三农”的工作，“三农”即农业、农村、农民。每年的中央一号文件讲的都是“三农”问题，足见“三农”举足轻重的地位。

作为设计师，我们正遭遇农村错综复杂的变革，是机遇，也是挑战。乡建工作是全方位的，最大的挑战不是建造本身，乡建的真正内涵和设计师在其中发挥的作用、扮演的角色是需要我们深入思考的。

乡村建设的机遇和挑战

1. 乡建的真正内涵是什么？设计师在乡建中的角色是什么？

2. 现代化是村落聚集方式的终结吗？你如何认识农村传统建筑和现代建筑之间的关系？

3. 如何解决“美丽乡村”的空心化问题？什么才是乡建的真实能力？

宋微建
Song Weijian
中国建筑学会室内设计分会
副理事长
上海微建建筑空间设计有限公司
创意总监

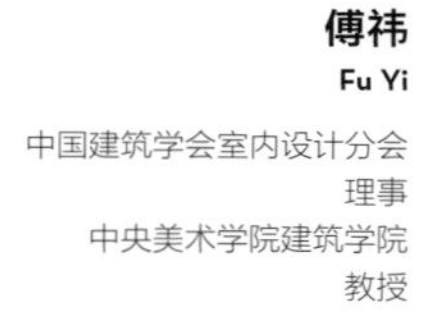

傅祎
Fu Yi
中国建筑学会室内设计分会
理事
中央美术学院建筑学院
教授

宋微建：

自 2008 年汶川地震赈灾援建至今，我参与乡建实践已有九个年头了，有几点心得：①作为农耕文明大国，自然村是活着的文化遗产，保护是必须的；②实施自然村的保护修复与现行的以城市为中心的法规是有冲突的；③现代农业受工业化思维影响，传统农耕顺应自然的农法没有得到应有的重视，现代农业少了传统农耕是不完整的；④现代农业大规模种植，大量使用化肥和农药造成农作物病态化和土壤板结、污染；⑤农村生态环境恶化，所谓市政基础设施在农村是缺位的；⑥农村传统文化在丢失，价值观扭曲，年轻人轻视务农。这些有的是历史遗留问题，有的是深层结构问题；有的正在改善，有的还没有解决方案。作为设计师，面对农村错综复杂的变革，不能独善其身，埋头拉车不看路。我的建议是设计师要积极参与，不做旁观者，谨慎行事，做善事，做示范。

傅祎：

乡建题目太大，设计难以承载所有。要留住青山绿水，更要创造今日乡愁。需要脚踏实地、具体而微的操作，我的一个研究生身体力行几个月，进入乡建现场，完成了毕业创作“穿斗式木建筑的继承与创新——龙潭村民居改造”，动机就是不做传统的穿斗，保留穿斗小材大用、协力造屋的特点。采用当地工匠能够完成的新节点，连接节点的金属构件也是当地易于加工的。新工艺旧工法。

萧爱彬：

什么是乡建？说实话我没有研究过，就近两年接触的“拥爱设计公益计划”活动中帮助贫困山区改善学校的经验得知，尽快让留守儿童父母回到家乡、建设家乡才是正道。让一部分在大城市买不起房的农民工愿意回乡，政府要做大量工作，改善返乡农民工的条件，引导返乡农民工创业就业。设计师要做的是帮助政府不做错事，不大拆大建，给政府出主意，做规划，改造旧村建造新村，这一切设计师能起一定作用但不是最主要作用。现代化不至于造成旧村落的毁灭，只要引导得当，新村落一样可以和老村落并存，欧洲的古村落就是典范。但乡政府要有新思维，带领本乡本土与新时代接轨，开发旅游种植和农业生产，设计师给出保留老村落和新村落的建筑样式，与城市结合改善环境，与慈善机构结合发展教育。新时代不可能回到老的农耕文明，但怎么做好绿色农业现在也没有解决方案，美丽乡村不是表面好看，面子工程，最主要的是心的回归。村里有了旅游，有了城里人开的客栈，返乡的人不会有离开城市的失落感，更多的是自豪感，这样“美丽乡村”就是实实在在的。

崔笑声：

我个人对乡建这个提法谨慎保留意见，可以解释为“乡村实践”，而不是“乡村的建设”。窃以为乡村问题不是建设问题，而是社会的结构性问题，“建设”根本解决不了问题。现在的现象是，乡村实践的主体大都不是原住民，而是所谓的在情怀驱使下的“小资”群体，几乎不能触及乡村问题的根本。我也参与下乡实践，我认为基本是乡村这片沃土拯救设计师被压抑的情怀，设计师在乡村实践不能解决所谓“三农”问题。未来社会的发展，将来是不存在城乡关系的，人是主体，你待在哪儿，哪儿就是家，何谓城乡？只存在虚拟的环境和物质的环境，乡下是个地理和位置的概念，没有现在这么复杂的情感和文化属性。只要有更多所谓有现代文明意识的人选择住在乡间了，城乡问题就不是问题了。不过，眼前的问题对于设计师而言还是有很大机会的，咱们不妨投身其中，释放情怀和热情。现在，解决所谓乡村问题的主体还是政府和规模化建设，虽然我们诟病效果不好，但对于基础建设、宏观规划、经济投入而言，政府建设占有绝对体量，见效快。我个人不排斥这一点。设计师们的游击部队和正规军都在村里实践，自下而上，自上而下，针灸式的、手术式的实践，各有利弊。但一定要警惕，不要糟蹋大好的河山。人回来了，乡村一定会好，但如何让人回来，设计师恐怕势单力薄，还是要解决教育、文化进步、经济基础等大问题，而搞旅游肯定不是吸引人回来的办法。还有文化也是大问题，我们的乡村不太接纳外乡人，这个文化习惯有办法改进吗？个人的偏激观点：传统文化在乡村“保护好”了，某些糟粕是不是也保护了，啥时候大家只谈文化，不谈乡村文化了，可能要好很多了。现在面临的实际问题是，设计师在“乡愁”大旗下进军乡村，干的事情基本还是在审美和显示度层面的。好多实在的工作，比如村落中不同类型的人和物的数据库建设，建档工作，对发展能提供有效支撑的分析资源……这些必须但艰苦没有显示度的工作，却少有人问津。另外，好多乡村展现出来的民间文化仅仅是在表演，从那些参与演出的年轻村民眼中看不到文化信仰和敬畏，这也是大问题。这一点，设计师也帮不上忙。设计师充其量可以尽自己绵薄之力，其他的帽子就别戴了。

萧爱彬
Xiao Aibin
中国建筑学会室内设计分会理事
上海萧视设计装饰有限公司和“境物 Kingwood”创始人

崔笑声
Cui Xiaosheng
中国建筑学会室内设计分会理事
清华大学美术学院环境艺术系副教授

崔华峰
Cui Huafeng
中国建筑学会室内设计分会
理事
广州崔华峰空间艺术设计顾问工作室
主持人

温少安
Wen Shaoan
中国建筑学会室内设计分会
副理事长
佛山市温少安建筑装饰设计有限公司
策略总监

秦岳明
Qin Yueming
中国建筑学会室内设计分会
理事
深圳市朗联设计顾问有限公司
设计总监

温少安：

乡建的内涵近两年内不会清晰，也不准确。因为，首先中国乡村的形成都各不相同，主体建筑材料也是什么都有，砖、石、木、土坯等等。地形地貌各异，如高山、丛林、盆地、平原、河边、海边等，乡建的工作内涵会因此而变得更具复杂性和多样性，加上乡民的耕作及生活方式差别很大，而落后的市政道路和基础设施，也会制约和影响乡建的发展。就如同30年前大家问室内设计的内涵是什么?有几个人能说清楚。“乡建”这二字并不能清晰准确地表述其工作内涵，既不是从工作内容诠释的，也不是从设计师职业及专业范围描述的。未来，随着更多的设计师进入乡村建设工作，乡建的内涵才会清晰而准确，从建筑保护到让乡民在维持多年形成的生活方式的状态下，改善其基础设施、厨卫设施、照明设施、取暖纳凉设施等工作中综合性地发挥着重要作用。当然，设计师在城里过不上乡村里那接地气的日子，也吃不上刚下地的五谷杂粮，从这个角度说谁改谁呀？！设计师的工作角色是依赖乡村的，更是依赖村民的。

崔华峰：我的观点很观点——不要乡建要乡见。我回想参观体验过的老“乡建”，都散发着“我想这样建”的味道，基本上是匠艺主导的。现下的“乡建”却有浓浓的“你应该这样建”的味道。设计师，您准备好了吗？您掏钱就是乡建，国家掏钱就是“乡建”。在城里赚了钱回去掏出来建就是“乡豪建”，而乡民掏钱建的为之“乡住建”。乡建乡建，乡味很重要。结论：乡生活就是乡建。忠言：设计师不要轻言乡建，乡建有可能爱上乡姑，乡姑了就有可能乡仔，乡仔了就不再“设计师”了……/ **宋微建：**设计师这个绵薄之力是重要的。美丽乡村需要设计师的参与或者指导，至少可以避免“涂脂抹粉”式的乡建吧。设计师参与乡建还有一项特别有意义的使命就是保护传统村落。据了解，截至目前我国已公布4批传统村落名录，4153个村被纳入保护范畴。全国有200多万个自然村，正在迅速消亡。冯骥才说：“每一分钟，都有文化遗产在消失。再不保护，五千年历史文明古国就没有东西留存了，如果我们再不行动，我们怎么面对我们的子孙？”乡建，呆惯了城市的设计师一旦遭遇农村便抓瞎了。因为许多乡村根本就没有规划红线；没有水、电、气和下水道等所谓市政设施。/ **崔笑声：**行动上积极参与，观念上冷静旁观。

秦岳明：

土地归属的不确定性决定了所有所谓的乡建都带有临时性，或是政府的某一阶段的业绩、某些被挖掘出来的投资热点，抑或成为设计师表现自我意识的试验场。也许在某些有着天然优势的乡村：或是环境优美、或是有建筑特色、或是有一点文化卖点，再不行交通方便，与城市关系相对密切等，或许能成为所谓的城市后花园、“乡村”旅游点、民宿投资的又一热点，和真正的“三农”没有一毛钱关系。但对于大多数的地区来说，仅居住场所的改造，空洞的宣传，除了浪费钱以外，都只能是一厢情愿的意淫，无法解决乡村“空心化”的问题。所以作为设计师的角色，也就是仅能在其中选取几个点，摸着石头过河，弄弄自己的小实验或帮人释放些小情怀而已。

宋微建：

罗德胤，住建部传统村落保护指导委员会副主任，清华大学教授，从事多年的乡建实践，对于室内设计师的参与，他说了如下感言："我们做规划，不做室内，就是归纳分析，找出村庄的优点缺点，但真正改变村子的是室内设计，因为它能带来高品质的生活，继而能找到社会上的立足点，找到旅游的发力点。乡村的未来在于综合性的发展，保护则是做一个框架性的控制，真正进入市场并获得地位还得靠室内设计，以及由室内设计发展成的文化创意产业。旅游不是目的而是一个途径，通过旅游能够让村落和延伸社会大环境联系起来，和外界产生关联，有了关联之后才能有后续的手工业的设计产品市场，以及其他的创意市场。我希望能够有更多的优秀室内设计师走进乡村，一个设计也许能改变一个村落的命运。"

孙华锋
Sun Huafeng
中国建筑学会室内设计分会
副理事长
河南鼎合建筑装饰设计工程有限公司
首席设计总监

左琰
Zuo Yan
中国建筑学会室内设计分会
理事
同济大学建筑与城市规划学院
教授

左琰：

我对乡建没有太多的思考，毕竟城市和乡村还有一些不同。最近再读登琨艳先生 2006 年出版的《空间的革命》一书，10 多年前他提出的关于乡建问题的建议，当今来看依然是超前的，这里节录他的一些观点：家酿的酒、手工的织染、手制的器具、特色农产品……它们每一样都是独一无二的，不要把它们变成城里人眼里的便宜货，把它们放在原生态中，重新审视它们的价值，这些凝结了中国几千年文明和传统的产品，怎么会是便宜货？即使要建博物馆，也要把所有的当地人、当地原生态的生活方式、劳作方式全部保留下来。居其货，昂其值，把每一个农村都变成博物馆和文化旅游区，把每一项劳作都变成人们追忆过去的体验，心灵干渴的都市人，会在其中看到祖先一路走来的印记，会看到几千年来中国的骄傲，会在其中重新找到自己的根。只要找到正确的定位，中国的农村可以发掘出人所未见的价值。农民可以得安其所，城市的管理者们不用再担心大量涌入的廉价劳动力，因为农民们在本乡本土、在自己的位置上可以获得更大的收益。在人们口中已经失色的第一产业，会变成人们没有想到过的新兴产业。那些被人们惊呼着将要失传的传统手艺和工艺，也能在复兴中找到传人。就像长沙窑一样，师傅们传承着祖先的手艺，在千年的积淀中创造出凝练优美的作品。让外人能够参观过程，让他们能够实地参与制作，把每一件作品标上它应有的价值，这一切都是无法复制、最有竞争力的。长沙窑只有一个，这就是它的核心竞争力。谁又能说，师傅们的创作和手工，不是创意产业呢？不要把创意产业的范围看得太窄了。这不是简单的重归传统，而是新的产业模式赋予的新价值。只要能够做到，长沙窑将不会是特例，中国每一个农村，都可以找到它们的原生产业，在自己的基础上完善它、优化它，重新赋予它们意义和价值。一切都不过是营销手法而已，这些价值是原本就存在的，只是被人们忽略了而已。用最现代的手法重新包装它们，它们就会生长喷发给你看，那是中国几千年来的原生动力。它从来没有消失过。

孙华锋：

乡建和城建其实工作都一样，只是面对的客户群体、历史、环境、位置、使用方式等等不同罢了，只是城市的喧嚣让农村纳入了人们的视线，不管哪里的资金投入进去，目的不同罢了……但是乡建不是单个设计师所能解决的，不是设计师眼里的建筑特色，建筑保护和环境改造所能解决的，乡建应该是整个农村社会系统的改造，而建筑室内设计只不过是辅助其中的一小部分，过分夸大和自以为是的乡建都是隐患，沽名钓誉和唯利是图的乡建都是罪过……如何正确地认识乡建才更应该引起人们的关注。

分享

P - 102
P - 129

SHARE

水色的咏叹——《一条街与一座城》系列水彩作品解析

图文 陈松

我们想做的，并非只要留下历史的某个片段，而是试图找到历史发展的轨迹。于是，这座城市里的这条老街，在画中，被徐徐打开。

aria of the water scenes

台湾摄影大师阮义忠先生曾言："一个人与一座城市的结缘，若没有留下记录，就好像一切酸甜苦辣都没有拥有过。漫漫长路，想不起来的过往，其实也等于不曾发生过。"

在我们的大时代里，每个人都争先恐后，每个人都步履匆匆。即便是这样，即便大多数人都以效率和速度衡量着成功，但也不应该忘记了，我们是从哪里来？

中央大街，对于每一位哈尔滨人的意义不言而喻，对于这座城市的意义更是无可替代。百多年前，城市的肇始，便是这条街的诞生之时；而一个多世纪里，这条街更是见证了这座城市的风起云涌。一座座沿街的风格各异的建筑上，描画着各自时代的表情与主张，一块块铺路的浑圆光亮的面包石上，镌刻着行走奔波于哈尔滨的芸芸众生的起伏跌宕。

时过境迁，历史无法被复制，这条街昔日的风貌也无法全然重现。然而，这不应该成为我们遗忘过往的理由，因为我们深知，给予我们前行力量的，正是那些写满温情，写满故事，写满诗意，写满苍翠浩瀚的过往。

绘画，这种在瞬息万变的时代里，看似慢吞吞的表达方式，却可在其间承载诸多稀缺的工匠情怀，也是克服时间，与时间的流逝做自主抗争的最佳方式。借助水色氤氲，薄彩淡润的水彩画作，悉心谱就一篇咏叹之调。

一切皆可化尘去，我们想做的，并非只要留下历史的某个片段，而是试图找到历史发展的轨迹。于是，这座城市里的这条老街，在画中，被徐徐打开。

（本文作者为独立设计师，自由撰稿人）

已消逝的通江街 43 号，原中医肿瘤研究所，建筑尺度宜人、装饰精巧，可让人驻足观赏。现今的位置，取而代之的是一座毫无特色、普通得不能再普通的火柴盒式住宅楼。

20 世纪 20 年代的中央大街 1 号，原万国储金会。对其历史原貌进行正投影的描绘后，深觉当年建筑设计的形体精妙、比例严谨，处处隐含遵循黄金分割定律，以达到经看耐品之唯美。

20 世纪初的中央大街 1 号。新中国成立以前一直是座金融建筑，新中国成立后先后为鲁迅艺术学校、哈尔滨艺术学院、哈尔滨师范学院、哈尔滨老年大学、哈尔滨市教育局等。现为某珠宝卖场。

20 世纪 20 年代的中央大街 2 号，位于当年代表城市形象的中国大街（现中央大街）的南端。这栋身材并不高大，却气度不凡的建筑，在中央大街与经纬街的交汇处优雅地向两个方向延展开去。当年作为哈尔滨一等邮局的所在地，也是这座城市对外往来交流的门户。当年，车流量极少的街口，还可以允许中央花坛的存在。

20 世纪 70 年代的中央大街 2 号。七八十年代，“大辫子”公交、“大解放”卡车、212 吉普车以及自行车是马路上绝对的主流。道路两侧的主流则是粗壮繁茂的糖槭树，若能一直存活到今天，估计其胸径会达到六七十厘米之阔。

现今的中央大街 2 号。30 年前，这座建筑看似被做了人工增高的大手术，由原本的两层升至三层，其实，是被拆除重建，只保留了深红色的圆顶。当年人们动用了聪明才智，把外观为三层的建筑内部设计建造为五层。

20 世纪 20 年代的中央大街 3 号，那是一个满街淘金创业的外国人，要么乘坐汽车、人力车，要么手持文明杖穿行的年代。云集了各国银行的这座城市，对有着商业抱负的人来说绝对是一片热土。1927 年，务实的美国商人把美国信济银行的总行设于哈尔滨，后于 1934 年迁至上海，1935 年关闭。可叹，20 世纪末，这座建筑被拆毁，现为招商银行。

中央大街 21 号，建于 1923 年的原阿格夫洛夫洋行。入夜的黑暗有时将不愿意被看见的东西屏蔽掉，现代化的人工照明更擅长突显华丽、炫耀与热络，让人们更容易忽略建筑的前生过往，但这夜之光色的确是其不可错过的明艳娇美的一面。

现今的中央大街 21 号。描画哈尔滨这座城市，绝对少不了冰与雪。雪的介入，令眼前的一切，凛冽中更为清峻，苍寂之中更为柔软。积雪为建筑上了妆，不是彩妆，也不是烟熏妆，而是更为突显立体形体和进退凸凹的淡淡的银装。干冷的空气中，还有雪花无声地不断下落。

20 世纪 30 年代的中央大街 32 号，原哈尔滨特别市公署。俄国人米奇科夫是这栋大楼的建造者和主人，他拥有以房地产业为主的庞大的商业帝国。当年哈尔滨的第一辆汽车就是他从天津买来的，第一部电梯也由他引进，就安装在这栋楼里。1926 年，他将这栋楼整租给哈尔滨当时最高的权力机关——哈尔滨特别市公署，以致之后相当长的时间里，这座建筑始终是有持械卫兵把守的森严场所。

中央大街 32 号，新中国成立初期直至 20 世纪 90 年代，这里一直是哈尔滨市公安局。为映衬建筑被涂刷的浅淡，用了些纯亮的颜色，那属于 20 世纪 80 年代的蓝蓝绿绿。

现今的中央大街 32 号，为百年老街酒店。抓住这临近傍晚的一缕光，短暂又那么真切。圆顶部分是人们近 20 年的演绎，因为总想让它更加体面。

中央大街 46 号，原兴记呢绒店。这座新艺术运动风格的二层建筑建于 20 世纪二三十年代，最初为一家缝纫机店和匈牙利远东商业公司在此经营。现今的租户是一家旅游纪念品商店，据说中央大街与端街交口转角处的这区区百十来米的商铺，租金一年要 200 多万。

中央大街 52 号，位于 1000 余米长的步行街的南段，现为商用建筑。

中央大街58号，历史上更名易主过多次：米尼阿久尔茶食店、维多利亚西餐厅、紫罗兰西餐厅、哈尔滨摄影社等，新艺术运动风格建筑的杰出代表。几年前，经“开发”扩建后，只保留临街墙体立面的这栋老建筑内，迎来了优衣库、庆丰包子等众多知名的新房客。

20世纪20年代的中央大街58号，原米尼阿久尔咖啡茶食店，新艺术运动风格建筑的典范。其“女儿墙”最为精彩，远观，整体轮廓为竖琴造型；近瞧，头像、花瓶、铁艺并举。另一件有趣之事：历史上关于这栋小楼的中文音译有好几个版本：“米尼阿久尔”“民娘久尔”“蜜腻救尔”等。

20世纪80年代的中央大街58号。自1956年后的几十年间，这里是哈尔滨摄影社，在物质匮乏、科技落后的年代，为无数人留下了幸福的影像和珍贵的记忆。许多20年纪的亲朋都在这座现今被称作“影楼”的地方，被摆拍过带有显著时代烙印的照片。

中央大街73号，百年建筑，建于1917年，称为奥昆大楼。建造者也是建筑的主人犹太人奥昆，是当年这条街上最牛的包租公，20世纪30年代在奥昆大楼经营的商号有：明治制药药店、哈尔滨之光服装店、弗拉谢夫成衣店、新药药店及协和银行。

20世纪七八十年代的中央大街73号，1956年之后的30多年里，这里一直是哈尔滨妇女儿童用品商店，被老辈们简称为“妇儿商店”，或干脆直呼为“妇儿”。“妇儿商店”对“90后”“00后”乃至更年轻的小朋友们来说，绝对是一个陌生的名词，但其确实是计划经济时代一座城市的标配。

现今的中央大街73号，正值百岁的原奥昆大楼。如今，这里是金安国际购物广场；如今，这栋百年老建筑同这里的人们一道，时不常地吸一吸雾霾。

1932年的中央大街98号，原为别特洛夫洋行，建于1923年。一条流经城市的江河会让这座城市充满灵秀，但倘若发起脾气来也会让城市很受伤。1932年夏天，40天的连绵降雨，致使松花江水位高涨，漫过堤岸冲入城区，地势低洼且临江的道里区道外区瞬间变成泽国。这场内涝之灾持续了一个月，就连作家萧红的文学作品中也有她当年亲临水患的描写。

20世纪80年代的中央大街98号，多年来一直是老道里人最熟知的、日常生活离不开的大安商厦，从熟食到面食，从蔬菜到水果，从烟酒到点心，一应俱全，物美价廉。老婆时不常地买上一份这里现做的煎饼果子，连打牙祭带充当晚餐。但这些都已成为记忆，不久之前，这里已变身为海澜之家，在上演一场实力悬殊的角力后，代表着传统、廉价、民生，但“不出效益的”大安商厦毫无悬念地败下阵来，黯然退出历史舞台。

20 世纪初的中央大街 104 号，原边特兄弟商会，建于 1910 年的一栋典型的新艺术运动风格建筑。20 世纪二三十年代在此经营的富商边特兄弟，主要经营毛皮服装，巧合的是，现今这座建筑里，也是一家皮草商行。

20 世纪 80 年代的中央大街 109 号，原拉宾诺维奇大楼。拉宾诺维奇家族是 20 世纪初的商业大鳄，主营医药的这个犹太家族，还在当年投身慈善公益事业。建于 1919 年的这座建筑，在 20 世纪末为滨城百货商场。

中央大街 109 号，现作为商用建筑。其圆柱形转角处最为精彩，比例尺度俊秀修长，一般人不会留意，上面还有精致的浮雕，只是年头太久，已经有不可逆的损毁。

20 世纪初的位于中央大街与红霞街交口处的皆克坦斯电影院。1906 年开办，拆毁于 1921 年，后在此建孔氏洋行。电影院的创办人犹太人阿拉克洛夫，曾是那时哈尔滨三家电影院的老板，可以说是当年电影界票房的实力推手。这栋建筑的形式独具风韵，个性十足。街角圆顶处为咖啡馆，足见当年人们对艺术与文化的需求。

20 世纪 30 年代西九道街 37 号，原哈尔滨美国电影院。哈尔滨接受近现代艺术的洗礼始于 20 世纪初，与早期的城市基础建设几乎同步，于中国，乃至远东地区而言，为开先河者。1930 年由美国籍犹太人创办的美国电影院为当时城中规模最大、设备最先进的影院。放映电影之外，还出演过美国百老汇的歌舞。1937 年改名为大光明电影院，新中国成立后改名为东北电影院。

20 世纪 80 年代的西九道街东北电影院。老婆儿时是这里的常客，且享受免费的“点头票”，总在几扇宽绰的大门和气派的楼梯之间跑来跳去。《佐罗》《虎口脱险》《少林寺》《大篷车》《幸福的黄手帕》《追捕》《神秘的黄玫瑰》《警官的诺言》《二子开店》……如今历历在目。此外，那时的电影院还兼具承接报告讲座、文艺演出的职能。遗憾的是，这满是幸福记忆的地方于 20 世纪末被拆除。

西十道街 53~57 号，20 世纪 80 年代为哈尔滨市尚志企业公司。那时，驾驶零排放的自行车上下班的人们，停起车来比现在不知要方便多少倍。2004 年，这座建筑被包裹在金安国际购物广场内，但按照国外流行的办法只保留了面南的山墙。只剩躯壳的现状，也算是另外一种延续生命的方式。

西十一道街 55 号，目前被不知期限地空置着。建于 20 世纪 20 年代末，原为罗伊德商船公司，解放后，长期为哈尔滨市五金矿产进出口公司。其建筑细部可寻到道里区老建筑上少见的“中华巴洛克”的特征。

20 世纪 80 年代的哈尔滨道里区文化馆，当年老婆大人和一众学画的小伙伴们从师学艺、玩耍战斗的地方。

建于 1908 年，位于西十二道街的原华俄道胜银行道里分行。这不是水城，也不是水乡，而是 1932 年松花江洪水过后的哈尔滨，当时地势低洼的道里和道外的交通要借助舢板。而今这座建筑，被分租商家的各式各色牌匾遮挡个严实，几乎难见真容。

西十五道街 33 号，原天马广告社，现哈尔滨党史纪念馆。曾是几年前险些被拆的百年建筑，在长期的拉锯博弈后最终幸免于难存留下来。

通江街 86 号，原犹太中学，现格拉祖诺夫音乐艺术学校。1917 年，这座建筑由犹太人募捐兴建，并由一位犹太建筑师无偿设计，缔造了在我看来是哈尔滨现存最为经典的建筑精品，真的是信仰使然。而今虽与烟火气十足的红专街市场紧邻，却丝毫不影响其音乐学校的高贵气质。

通江街 86 号，这是一座让我为之驻足次数最多的建筑，百岁年纪的它，依然风韵犹存，据说，此类风格的犹太建筑，全世界仅此一座。借小侄一间常在这里的施坦威钢琴行演奏的机缘，让我有机会多次进入室内空间，见到的是内外兼修的雅致。

东风街 19 号，已消逝的三层新艺术运动风格住宅建筑，其山花轮廓甚是别致。

东风街 41 号，已消逝的老建筑，大约毁于 20 世纪 80 年代末。历史上被称为“马街”的这条路上，曾分布着不少精彩的老建筑，但多在近二三十年被抹去。

东风街 50~54 号，建于 1931 年，其设计受日本建筑风格的影响，原为商用建筑，现今为两家花店。

东风街 56~64 号，原俄侨彼得家族住宅。保存完好的山花上，那圆润的金龟子壳造型及其花饰极为吸引人眼球。

东风街 56~64 号。1939 年，其最初的主人彼得家族移居美国西雅图避难后的几十年间，这栋新古典主义建筑风格的二层小楼的主人和使用者不知换了多少拨儿。几年前，我和老婆还来过这里新开张的沙县小吃，一品“全国四大小吃巨头”的味道。

漫步在广场，读懂一座城

Strolling on the plaza, understanding the city

图文 义焕旻

01

时光流逝，这些广场仍旧以相同的形态存在那里，它们记录着的那些时代早已远去，但谁又能说它们没有影响着如今意大利人的生活呢？

有一个小故事，说的是意大利统一后，曾请来规划改造了巴黎的欧斯曼帮助改造罗马。欧斯曼像在巴黎那样大拆大建，不久就被罗马人送走了，因为意大利人十分珍惜他们的城市历史。提起意大利的城市，似乎最深刻的印象就是城市广场。城市需要许多建筑外部空间来承载不同的功能需求，广场不仅是主要的开阔场地，它也在出现之初就被赋予了宗教、市政、商业等社会功能，是与市民生活联系最紧密的城市空间。虽然意大利作为国家来说统一的时间不长，但自古罗马开始，亚平宁半岛的文化就一直在延续和发展，它与拜占庭、北方蛮族、阿拉伯及欧洲许多国家的文化交融，共同构成了意大利悠久而一脉相承的历史文化宝库。作为城市的重心，意大利不同时期的城市广场也留下了多样的文化印记，见证着那个时代的市民生活。

02 03

01
坎波广场
02
圣彼得广场柱廊
03
圣彼得广场

中世纪的美丽贝壳——锡耶纳坎波广场

如果要从意大利找到一座最有中世纪特色的城市，应该非锡耶纳莫属。这座被田野环抱的山地城市，曾是中世纪时托斯卡纳地区最繁华的中心，它的手工业和商业都十分发达，还诞生了锡耶纳画派和世界上最早的银行。所幸的是，锡耶纳完整地保留了中世纪城市的格局，高耸的哥特式建筑依势而建，紧密地排列在一起，分割出曲曲折折的窄巷。穿行在迷宫般的狭窄街巷中，周围都是赭黄色的高墙，不免有些冷肃的气氛。所以，当美丽的坎波广场出现在眼前时，你便知道，你来到了锡耶纳的灵魂中心。坎波（CAMPO）广场，曾被人称为“欧洲最可爱的广场”，它的贝壳型的场地被建筑环绕着，仿佛一块城市中的神秘谷地。贝壳被铺装分成九块，象征着当初掌权的“九个理事会”，同时城市中的九条主要道路也都指向这里。红砖铺就的地面缓缓向下，汇聚在一个雕塑装饰的收水口——这样的设计不仅智慧地解决了场地排水问题，也使整块场地在视觉上显得更大。更重要的是，所有人的视线都被巧妙地集中在了一个地方——市政厅。市政厅旁的曼贾塔高高耸立，与场地上下呼应，形成了场所中绝对的视觉中心。整个城市的规划也围绕着坎波广场，所有街道都能通向它，使它成为城市居民和游客的聚集地。走在广场上，所有人都会不由自主地放慢脚步，或坐或躺在倾斜的地面上，慵懒地享受着托斯卡纳的阳光，仿佛时光把这一切都停留在了中世纪。

文艺复兴的海上会客厅——威尼斯圣马可广场

据说威尼斯这座城市的起源并无典籍可考，最广泛接受的推测是躲避蛮族入侵的罗马难民建立起了这座水上之城。他们伐木采石、搭建房屋，并智慧地凿井储水、疏通运河，硬生生地在荒滩上筑起了一座城市。由于交通不便，又几乎没有任何自然资源，威尼斯人很快发展了航运技术，在东罗马帝国与欧洲之间成为最重要的贸易之邦。在这个由商人和手工业者们创建的城市里，大部分的建筑物都遵循着统一的样式、色调和尺度。漫步其中，空间的疏密变化、道路与河道的灵活穿插，会让你感受到极为丰富的视觉体验，仿佛一场疯狂绚丽的假面狂欢节在随时随地上演。而如果从空中俯瞰，如果你能找到威尼斯这副缤纷面具的眼睛，你就找到了圣马可广场。圣马可广场位于大运河南侧与潟湖的接口，广场上林立着大教堂、总督宫、图书馆等重要建筑，是整个城市的宗教、政治和活动中心。广场的尺度控制得非常好，周围的建筑处在一个协调的比例之中——并不狭小，但有足够的包围感。建筑立面以三层拱廊为主要

01　02

语言，拱廊将立面以宜人的尺度均匀划分，很好地消弭了建筑高度带来的压抑感。再加上大规格的石材拼接的铺装纹样，产生了一种近乎半室外的空间，仿佛广场就是建筑内部空间的延伸，而人们的活动就在其中自然地展开。广场由大小两个梯形广场呈 L 型组合，中心便是大教堂。小广场的南侧面向海面，中间的两根立柱犹如一扇海上之门，仿佛能看见当年来自世界各地的商客。而当你被大教堂的华丽装饰所吸引，正靠近它细细观赏其建筑细节时，就已不知不觉置身于大广场内。在大小广场的转折处，是高耸的大钟塔，它足以俯瞰威尼斯的高度，让圣马可广场成为威尼斯瞩目的焦点。这种安全感，伴随着世界各地游客的新鲜感冲击，让人能什么也不做地在圣马可广场待上一整天，这也许就是它的魅力所在。

01
圣马可广场小广场
02
从曼贾塔楼俯瞰坎波广场
03
圣马可广场与威尼斯
04
锡耶纳
05
圣彼得大教堂与方尖碑

巴洛克的明珠——梵蒂冈圣彼得广场

梵蒂冈，这个仅有44公顷面积的国家，却用了9公顷的土地修建了圣彼得广场，它是全世界12亿天主教徒共同的圣殿——圣彼得大教堂（圣伯多禄大教堂）的前广场，也是梵蒂冈最大的广场，最多时能够同时容纳50万人。广场的主体由近椭圆形的广场（博利卡广场）以及与大教堂连接的梯形广场（列塔广场）组成。博利卡广场的椭圆形态散发着一种优美而神圣的气质，这种古典几何式的构图美感，搭配上巨大的尺度和开敞空旷的空间，让这里弥漫着一种超越凡间的庄重氛围。中央高耸的方尖碑代表着漫长的岁月，将整个广场的视线聚拢，并与大教堂相互呼应，实现了视线的聚焦。两端对称分布的喷泉则强化了横向轴线关系，也稳稳地托住了略显单薄的方尖碑。两侧的弧形柱廊分成四列排布，并严格遵循透视关系——当你身处广场一个特定的点时，每列柱子都会处在一条直线之上。柱廊的上上方，是贝尔尼尼及助手创作的华丽的圣徒雕塑，他精湛的手法让雕塑同时具备巴洛克风格的华丽感和活泼的生命力，仿佛众神已降临于此，注视着广场之上的每一个人。站在这里，我感受着贝尔尼尼凝聚在广场中的心血，那是最热烈的情感表达，也是这个天主教徒献给上帝的一份虔诚之礼。

03

04 05

追根溯源，城市广场起源于古希腊时期的克里特岛，起初是以建筑间的场地存在，主要服务于市民的参政议政活动，它是市民活动的集会空间，象征着国家的政治形式和自由、平等的思想。从古罗马时期开始，意大利成为城市广场发展的主要实验基地。共和时期的古罗马广场延续着古希腊广场的形式基础，而帝国时期则以对称、宏伟和封闭式的布局搭配大体量建筑来体现教权与皇权。到了中世纪，宗教建筑成为城市广场的主体，但随着商业的发展，出现了大量市场化的城市广场。此后，文艺复兴颠覆了教权至上的社会体系，城市广场开始往多元化的方向发展，从城市的规划中心向承载市民生活的场所转变。时光流逝，这些广场仍旧以相同的形态存在那里，他们记录的那些时代早已远去，但谁又能说他们没有影响着如今意大利人的生活呢？它们早就是城市生活的重要部分，闲坐在广场边，点上一杯咖啡，端详着阳光下慵懒漫步的鸽子，也许这就是世间最美好的生活。**（本文作者为华建集团上海现代建筑装饰环境设计研究院有限公司景观院五所设计师）**

Thoughts on the "construction series" of paper bricks and paper tables

关于“建造系列”纸砖纸桌作品的思考

图文 李晓明

01
纸砖
02 ~ 03
纸桌

01

02

03

纸桌与纸砖都重在关注物质的表象与本质的内在关系，探讨其相互转变的可能性。此外，纸材质的研究有助于优化纸再生设计，希望警醒大家关注环境保护与废物再造。

纸砖与纸桌系列作品，最初源于我个人对于纸这一材质的兴趣和砖这一建筑元素的关注。同时，之所以选择纸和砖，是想看看将这两种物性对比强烈的物质加以碰撞、融合之后，能够呈现怎样的结果。

纸砖，非纸亦非砖

纸砖非纸亦非砖，纸与砖不仅在材质上碰撞，也在属性上碰撞，这是一个有意思的现象，同时两种物质衍生出不同的可能性和可塑性。纸这一材质，其具备常性形态与特殊属性，常性形态表现为薄、轻、脆、韧、透。将其通过打碎、固化、塑形等方法重塑之后，使之呈现另外的厚、固、强等非常态，这对材质本身是一个挑战也是全新的尝试。

纸、砖的属性在浇筑的过程中发生冲突，先是表现在表观，后来涉及强度，之后发展到改变材质原来的属性，纸质在以砖的形态生成之后，脆弱而坚固，柔和而硬朗，重塑了纸，也重塑了砖。在整个重塑的过程中，建造的意味象征重生，原材料二次纸浆（木浆）也重新被循环加工与设计，因为二次纸浆大部分是废浆，主要来源于不能再被使用的纸张碎片与粉末，自重轻、体积大的废浆可以重构为高密集物质。对于砖这一建筑材料来说，其具备环保、新型的室内空间元素而加以设计与使用，这是对于纸砖的理想化预测，纸砖还有很多可能性，在这里仅限于试验研究并思考。纸砖完成后，令人开心的是它可以在实际中作为砖来使用，其属性功能都能满足于常态功能的要求，且超越了传统砖的原本。

纸桌，超越桌子常态功能

纸桌是在纸砖完成之后设计的。创作纸砖的出发点和结果显示，材质属性与产品惯性使用功能的对立冲突能带来不一样的结果和可能性，而我想把这个可能性扩大为对于产品固有功能的挑战与试验。

纸桌的表面呈现曲面，曲面带来的“功能”的改变是针对常态功能而言，桌子的常态功能为平直面，而曲面彻底颠覆了作为“桌子”应该秉持的最基本功能，同时也使得桌子具备了新的功能与人的使用行为。

此时我们关注的焦点已超越对常态功能的关注，转而是取代式的尝试与产品功能外延的想象。纸桌超越桌子常态功能的界限，关注的是产品的性格对于人行为的改变，不再是人对于产品的要求，而是产品给予人的反馈与思考。纸桌可以提醒人们休息，暗示人们小憩，而此时是否在这张桌子上写字或读书，都已是次要的了。

纸桌的主要形态是由废弃的纸浆经过固化处理成为坚固材质的曲面表面，其强度达到板材的使用要求，且具备可塑性，可以切割、打磨，并将其塑为三维曲面，形成作品可供休憩的柔软桌面的最初构想。与纸砖相同，纸浆的属性在纸桌的制作过程中发生相应的转变，软、轻、薄变为硬、韧、厚，而之后改变了属性的纸桌面代替了木制桌面，形态柔软而内在坚固。虽名为纸桌，外在形态柔缓，视觉判断与内在不同却构成此作品的综合矛盾体，从而重新判断和界定其产品属性。

纸桌与纸砖都重在关注物质的表象与本质的内在关系，探讨其相互转变的可能性，纸桌的特殊功能不仅体现在外观形态，最主要的因素体现在其材质特殊性，纸因为柔软，视觉感受上柔和自然，触感如棉，而其形态因为浇筑而坚固，可以承重。桌面波浪起伏的造型除其功能定义为睡觉小憩以外，桌面曲线也十分符合人体工程学的曲度变化，设计为适合人体趴靠在桌面上的体态轮廓，舒适怡然。

此外，在纸砖与纸桌系列作品中，纸材质的研究有助于优化纸再生设计，新材质与材质新用的设计已成为未来产品趋势，另外希望可以警醒大家关注环境保护与废物再造。**（本文作者为中央美术学院城市设计学院讲师）**

科技造就自然之美

文　花语

01 ~ 02
诺贝尔瓷抛砖

采用 SIMM-TEC 这项划时代的技术体系，主要有四大特点：以新型瓷面替代传统釉面，以立体渗花替代平面印花，以多维通体布料替代一次布料，以微米级表面处理技术替代传统硬抛光技术。

在高端家居装修设计中，大理石绝对担纲主角，无论地面、墙面、厨房、浴室，具有天然纹理和自然韵味的大理石赢得了一致的美誉。然而，大理石存在石脑、石胆等杂质，色彩很难统一，且石材的开采过程会给环境造成破坏，这让那些追求完美并遵循环保主义的设计师和业主都感到尴尬而头痛。

既要保持空间元素的优雅美观，又要兼顾环保，还有什么更好的选择吗?

如今，诺贝尔瓷抛砖的问世，终于给出了完美的解决方案。为高端家装提供新选择的诺贝尔瓷抛转，不仅蕴藏着宛若天成的自然之美，还涵盖了尖端科技的时尚之感。诺贝尔瓷抛砖采用了 SIMM-TEC 这项划时代的技术体系，其主要有四大特点：以新型瓷面替代传统釉面，以立体渗花替代平面印花，以多维通体布料替代一次布料，以微米级表面处理技术替代传统硬抛光技术。

这些技术也让瓷抛砖拥有“表面更耐磨、花纹更逼真、质感更通体、质地更厚实、触感更温润”五大优势，且更易切割铺贴的特质，彻底解决了天然石材的缺陷，完全呈现出空间色彩、花纹的一致性，让家的装饰性和功能性达到完美平衡。

新奇创想，家的新时尚

家不仅承载了人们的生活方式，更流露出主人的审美趣味，因此，家的每一个角落都值得细心打磨，而诺贝尔瓷抛砖给了设计师更多的创意空间。这是因为，诺贝尔瓷抛砖采用多维通体布料代替一次性布料同时将坯体增厚，诺贝尔瓷抛砖产生由里到外一致的立体加工线条，开创了瓷砖新的风貌，也让瓷抛砖质地更加厚实，可以像石材那样做多种的深加工创意设计，让各种新奇有趣的设计成为可能。

更值得一提的是，瓷抛砖不仅有着天然石材的通体感，更有可以通过喷砂、倒角、开槽，立体异形花纹呈现各种立体装饰效果，让精巧复杂个性化的设计变成了可能，提升了空间装饰美感。

目前，诺贝尔瓷抛砖共拥有 36 款花色，62 款产品，鱼肚白、米白、米黄、深金、浅金、深黑、绿、纯蓝、紫罗红、咖啡色、黑金花等，每一种色彩，都倾尽了设计师的洪荒之力。比如，光是紫罗红就用去了 8 个月的研发时间，经过 64 道工序的处理，带来了纹理和质地上的质的飞跃，使得每一块瓷抛砖都像一件艺术品，用在客厅、餐厅、卧室装修上，必定是高端大气上档次，让家成为能够激发无限想象力和创造力的色彩王国。

环保天然，家的新主张

诺贝尔瓷抛砖采用的表面微处理技术，替代了传统硬抛光技术，传统抛光砖需要抛去面层一毫米的厚度，而微处理只需要抛掉 0.1 毫米，抛过的废料还可以回收利用，是一种干净、节能、环保、安全的材料。而且，瓷抛砖切割时的精确也减少了瓷砖铺贴中不必要的材料浪费与返工，不仅提升了家的装饰效果，也大大减低了环境压力。

诺贝尔瓷抛砖采用了新型装饰瓷质面材和微米级表面处理工艺，不仅耐酸耐碱抗风化，无需特殊保养，也让砖体表面的耐污性能大大升级，让清洁变得更省心也更环保。

可以说，诺贝尔瓷抛砖不仅能够取代传统石材，且能超越天然石材的局限，似石更胜石，创造出一种全新的家居设计语言，必将成为家装设计的新风尚，赋予我们生活空间更多的可能性。

Records from Nominees of the 2017 Influential China Interior Designers 2

2017年度中国室内设计影响力人物提名巡讲实录Ⅱ

“中国室内设计影响力人物”评选是室内设计界最具分量的活动之一，至今已举办三届。2016年11月至2017年1月期间，由9位特邀专业评选媒体主编、6位连续两届影响力人物的获奖者，共同组成评选提名委员会，进行候选人的推荐和评选两个阶段的工作，以计票方式评选出了2017年度中国室内设计影响力人物提名设计师18位：陈彬、陈厚夫、陈耀光、葛亚曦、韩文强、姜峰、梁建国、陆嵘、赖旭东、赖亚楠、凌宗湧、苏丹、孙华锋、孙建华、沈雷、吴滨、杨邦胜、余平。

4月26日，2017年度中国室内设计影响力人物提名“诺贝尔瓷抛砖”巡讲活动隆重拉开帷幕，并陆续在全国10个城市展开，通过18位中国室内设计影响力人物提名设计师的演讲和交流，与全国的设计师共同深入探讨中国室内的当下与未来。

01　02　03

赖亚楠：设计之问

一问：我们的工作就是给予客户想要的吗？

作为职业设计师，我们的工作就是给予客户想要的吗？我在很多场合都问过这个问题，无论你们回答“是”或“不是”，都不完全正确。“因为我们的工作就是给予客户一直从未梦想过的，他可以拥有的东西。客户希望得到超越显而易见和平凡无奇的东西、现象，需要一些令人兴奋、有刺激性又切合实际的，性价比合适的提案”。但是，客户并不能十分明确精准地表达出自己的愿望，他们会描绘一堆设想，而你把这些想法总结出来，就会得到这样的结论，而这段结论无意中恰恰解释了关于创意的基本概念。

在创意的基本概念的背后，是一个新的设计命题。对于设计师来说，设计并不是寻找对已知特定问题的最优解决方案，而是必须告别已知、熟悉的，去发现、探险、寻找……所以我一直认为，设计是众多人类智慧中的一种最高形式，这是我们尊重设计的原因。

二问：为什么设计？

设计无非就是解决日常生活中衣食住行方面的问题，就像苹果手机，设计改变了每个人日常生活的行为模式，甚至是思维模式。

三问：什么是好设计？

好的设计应该生成超越物质功能的意义：产品与人类的社会行为之间存在关系，在使用过程中，会有一些意义生成，刺激人思考，与人的意识发生互动。

人类从来没有停止过对光的追求，灯泡本来就是亮的，但是有的产品，并不用它发光，而是以这样或那样的状态体现出光的温度，这些设计已经是对于光的渴望之后的升级设计。

四问：设计如何提升生活？

有了自拍杆的设计，出去旅行时，我们就可以自己拍合影。这个产品有效地提升了我们一些日常生活行为。

五问：设计如何表达情感？

好设计就是在日常的点点滴滴中给我们带来更多温暖和光亮。现实中，设计已经无孔不入，甚至有时已将人类置入危险境地。设计在满足消费优越感的同时，反过来也引起问题与争议，有时会带来阶层攀比。

六问：这是设计的目的吗？

我们经常会看到“不求最好但求最贵”的东西，消费者不知道用钱买回来的是什么，是身价、面貌、气质？还是态度、格调？

我去外地出差，从高铁站出来的时候，常常不知道身在哪个城市，因为车站周边的形象都是一模一样的。我会思考，这些是设计的目的吗？

七问：是谁认可了这样的设计？

设计，相对于社会、经济、技术和文化，常常如同漂浮在水面的油层，悬浮于空中的尘埃，处于消极的、被支配的地位。

作为设计师，要始终保持理智——对的就是对的，要学会与自己冷静地对话：设计怎样才算诚实？我们忠实于自己吗？我们了解自己真正的需要吗？这个城市需要什么？我们的生活需要什么？人类需要什么？历史需要什么？自然需要什么？

有时设计师进入“为了设计而设计”的误区，我将这种设计定义为“过度的设计”。我们在一些产品中进行实践，比如用适度设计的手法使产品转化为功能性的物品。这些产品非常低调、内敛、质朴，受到很多朋友的喜爱，唯一的要求是，希望我们把产品做得相对显得值钱、上档次。而实际上，他不知道我们花了多大的心思，才让它们看上去并不值钱。

这就是一个消费悖论，在当下的商业社会中，有时因为价值观的分离而使双方形同陌路。很多人说，这就是我们的产品“小众”的原因，但我从来没有想过“小众”，我想大众，但这样的大众建立在一种共识的基础之上。

八问：设计如何表达文脉？

“文脉”，应理解为文化上的脉络，文化的承启关系。文脉是上下文的界面，而更应关注的是下文，即创造新的文化。当文化存在的“语境”已经改变时，便需要设计师创造新的文化。

20 世纪 80 年代，清华大学教授吴良镛为北京菊儿胡同进行改造。我曾经几次在菊儿胡同做调研，询问居民住在改造后的房子里的感受。通过调研得知，这次改造提升了北京胡同街坊亲密的邻里关系，打造了舒适度相对很高的街区面貌，给我们带来很多启发。

现实生活中，需要我们植入或者转换一些观念，这应该嫁接在某种脉络或者构造中。一些典型品牌所做的产品，可以看到表达文脉的语言，能够带来一种亲近感。

2003 年，我在法国巴黎注册了品牌 Domo Nature，每一年我们都会设计一个新的系列。凝聚系列产品是为一个场景做设计，希望能够展现一种内心的力量，产品的设计语言比较简单、粗放，体量稍大。这些年，收获了一些优质的客户，给予我很大信心。2015 年，我们又开发了一个新的品牌——DOMO Life，希望在生活中植入轻松、度假般的状态。

九问：我们标榜的生活标准究竟应该是什么？

奢华的真正尺度和标准是什么？风格等于格调吗？在当下，如果不能将人生观、生活方式与空间糅合，那么项目设计存在的价值有多少？居住不再只是栖身，而是生命和人格的涵养，生活当以境界甄别。

十问：设计的使命是什么？

设计的终极目的是创造人类健康、合理的生存方式。什么是健康合理的生活方式？老祖宗早就有一句话，那就是“留有余地，适可而止。”

在奔向现代生活的进程中，我们慢慢忽视、忘却了应该珍视的东西：区域背景、历史、文脉、自由、变革知识、开放……随着批量消费潮流的出现，越来越多的传统技艺渐渐失传，这些价值观也影响着设计的方式和商业方式。我们应该仔细认真地在历史和生活中寻找“富有”的真正含义，重新关注传统技艺，重新审视它们的价值，理解什么是真正的富有，并传达给后人。

城市规划和建筑会促进人们之间的平等吗？设计技巧会给人带来启发和机会吗？这些年，我们尝试了一些公益设计，“十二·间公益设计展”和“秘密大改造”是为普通老百姓做的设计改造。2012 年我改造的房子是 64 平方米，2013 年是 36 平方米，2014 年是 24 平方米。为什么越做越小？因为他们才真正需要设计师的服务。这是设计，也是爱。

关于绿色设计

我们很多产品均采用垃圾站回收的原料，明日的市场，消费性的商品会越来越少，取而代之的将是智慧型且具有道德意识，即尊重自然环境与人类生活的实用商品。

未来篇

创作，无论以何种形式呈现，都应该以尽量满足和改善人们的生活为出发点，所以，设计不是秀自己。力量掌握在每一个创造者手上，改变的力量停驻在每一个形象上：一个概念、一种结构、一片色彩，一辆车、一条街、一座商场、一件衣服、一只茶杯……

作为专业人士，必须具备特定的价值观。价值观决定着文化观、审美观、设计观，随着时代的变迁，设计的使命越来越明确。我们要拥有自信，要对社会产生影响，应该为未来中国人的生活提供最有价值的参考方案。设计将承载人类理想、道德的重任，“为人设计”是设计本来应有的职责，设计应该认真诚实地体现对当下的思考、昨天的怀念和未来的憧憬。

01 ~ 02
DOMO 空间
03
唐山有机农场

01　02

韩文强：与自然关联的空间设计

一直以来，我总是希望能让人造空间具备某种自然感。因为当一个空间与自然紧密相关，我们会感受到舒适和放松，进而产生各种社会活动。

我们身边的环境，根据与人亲密程度的不同分成很多层级，包括器物与家具、建筑与室内、城市与聚落、自然以及宇宙。人们对于环境的感受是上述不同层级叠加的综合印象，并不只是局限在某一个层级之内。因此我认为的空间设计，不是单纯的建筑设计或者室内设计或者家具设计，而是协调不同层级之间的关系，建立层级环境连续性的设计。比如在室内与家具之间、建筑内部与外部环境之间建立关系，通过调和彼此以唤醒人的环境综合感知。

回顾历史，人造空间和自然环境从封闭走向开放。最早的建筑希望隔离外界的自然，是人的庇护所。随着时代变化，建筑逐渐变得越来越开放，向自然和城市敞开。未来的建筑空间，更应该成为一种媒介，促进人与自然多样化的交流。中国的传统园林就是一种人造自然，自然山水被抽象到狭小的城市之中，成为融合了建筑、景观、室内、器物、诗歌、绘画的综合体。在这个综合体当中，人对于环境产生了密集、丰富的感知。这些美好的空间特质，这些正是当代城市环境中所缺乏的。我们所希望创造的空间就像园林一样，包含了渐进的层级、模糊的边界和多元的体验。设计案例的思考基于空间的三大基本元素：材料、结构、环境，尝试如何让空间与自然、空间与人产生亲密的关系。

03

一、抽象操作：反装饰策略

抽象操作就是尝试利用空间结构和材料的语言来表达意义，避免停留在室内界面的过度装饰和符号堆砌。我们有的时候会把室内当成一个有屋顶的室外空间来看，然后通过加入某种空间结构来表达概念。比如螺旋形这种由内向外不断延伸的图形，它同样也是宇宙的图示。我们把这种抽象图示运用到一家 60 平米的美甲店设计之中。螺旋形结构会根据人的行走产生渐变，你会不知不觉的沿着弧形墙面走入到店中，美容区域也被连续的弧墙所包围着。螺旋线的厚度只有 8 毫米，非常轻薄。灯光与这种螺旋结构整合为一体，墙面的孔洞透露出点点光斑。室内是纯净的白色，使用了一些垂直绿化，希望产生一种带有浪漫色彩的、抽象的自然感。另一个住宅室内案例中，我们在住宅的几层中植入了“材料盒子”，盒子可以是书房、客厅、餐厅甚至是庭院，在几层空间中定义了人停留的位置。盒子之间产生了连续漫游的路径，就像在一座室内的园林之中，可居、可游、可望，让室内脱离局部的装饰，回归到自然、朴素、静谧的具有东方气息的居住氛围。

二、几何操作：原型拓扑

对于几何语言的运用，我们尝试在几何的关系上引入某种空间原型，再根据空间的具体使用需求做一些拓扑变形，发展成为类似自然物一样的复杂几何秩序。每一种原型都有其特殊的意义，比如到你问一个孩子“家”的图形，相信绝大多数孩子会给你一个坡屋顶房子，而不是平屋顶房子。因为图形其实包含了人类对于某种形式的早期记忆。保利 WEDO 音乐学校就是一座专门为孩子们提供音乐教育的空间。为了还原孩子们对家的感受，我们引入了坡屋顶基本形式，整个空间由不同的坡屋顶组成室内的村落。在这个空间里会产生很多不同的坡屋顶形状，可以适应不同的教室尺度和功能。最终学校有了大小不同的房子，房子之间有街道、有庭院、有绿色景观。希望进入这个环境的孩子和成人，都能自发地产生一种交流的可能。

后来我们又遇到了一个有机粮食工厂的建筑项目，规模大概两千多平米。加工粮食的地方最初起源于农户自家的宅院，后来随着工业化，逐步发展成功能机器一般的冰冷的厂房。而在体验经济的时代，有机粮食工厂又可以展现出一些更多元的可能。于是在设计中我们沿用了北方四合院民居的空间原型进行拓扑变化，最终呈现出既像一座房子、又像一个村落的建筑。连续而充满变化的双坡屋顶划分出不同尺度的厂房。农场在四个方向上都有出入口，保证工厂生产加工流程的循环，中间庭院刚好做粮食的晒场。有几处游廊将四个房子连在一起，然后产生一系列大小不同的庭院。整个房子使用木结构建造，追求结构材料的真实表达。这个农场既可以是高效率的生产机器，也可以是游人体验农业的展示空间。

01　02

03 04

三、关系操作：消隐的策略

第三类实践是尝试怎样弱化人造空间的形式。在我们生活的城市空间之中，我们经常可以看到非常强势的建筑形象存在，有时会给人一种压迫和压力。我们尝试让建筑弱化，突出建筑与它所在环境的关系。当建筑弱化和消隐与自然共融，看看会不会产生一些意想不到的感受和体验。

曲廊院是一座北京二环以内的茶室，由老建筑改造而成。旧建筑面积小而且相互分离，并不利于现代生活的使用。因此我们考虑置入一个廊空间，将所有房屋连接成为一个整体。曲廊是透明的、柔软、纯白的，将老建筑中具有历史感的材料和结构最大限度地对比出来。新加的廊使用钢、玻璃等现代材料；老建筑则进行了部分的修复。曲廊其实勾勒出一个人们参观这座老建筑的路径，借由这个路径，旧建筑连同自然景观的活力就都被激发出来了。

自然的丰富性永远超过人造物，自然随着时间不断变化而建筑则相对不变。在水岸佛堂的设计中，我们不希望遵循传统禅堂的模式化处理，而是希望它真正消隐在自然里，然后体现出自然的魅力，让人与佛与自然和谐共存。建筑需要躲避开现场存在的树木，小心翼翼的建造。在这里，建筑就像是一座取景器，让树、水、天空变得更有诗意。通过大小不同的庭院，室内可以跟自然产生关系。内部空间从结构到材料都是连续的关系，材料都非常简单，包括混凝土、玻璃、一部分木头。混凝土表面的木纹肌理增加了建筑的触感变化。其实建筑就像石头，是一个凝固的实体，但自然就像水流，它是流动的、变化的。从这样一座建筑中，人们会抛开一切世俗烦恼，静静的体会时光的变化，反思自己的内心。

我们追求自然的呈现，包括从设计思路到最后的结果自然而然的呈现，以及通过使用材料、结构、环境方面的设计更多地让自然因素显现。以上就是我们近期的一些想法。

01
水岸佛堂内景
02
北京曲廊院
03
海棠公社住宅
04
螺旋花园美甲店

杨邦胜：我的酒店设计观

设计从解决问题开始

做酒店行业，首先要从解决问题开始。全世界没有两个完全一样的项目，当我们开启全新的酒店项目时，总会遇到各种各样的问题，诸如项目定位、工程造价、建筑空间、竞争策略、投资回报……有的简单，有的复杂，这都需要经验，更需要创意来解决。

当问题都解决好了，设计也就做到位了。酒店设计属于室内设计中较大的范畴，但是它更多的是一个产品，所以负责任的设计师，不仅仅要做好设计，还一定要考虑投资回报。

文化个性是酒店设计的核心

做酒店，酒店的特色是非常重要的，这个特色就是解决差异化的问题。同一品牌不同地域的酒店都应该不一样，一定要找出差异化。这里的核心就是文化，隐含着不同的生活方式、风俗习惯、建筑形态等。文化是一个民族对于价值体系的共同认可，是生活方式、精神向往的重要载体。在全球化的今天，保护好本民族、本地域的文化是对人类文明的重大贡献。而酒店的个性特色，本质上来说还是来自文化的差异性，挖掘好项目的文化特色，酒店自然就有了灵魂。酒店设计前期，我们通常会去当地调研和采风，去体验、感受，去寻找文化的差异。

没有创意，设计就是垃圾

做酒店，很重要的一点就是创意。设计师的价值就是把一个很平庸的东西，或者一个造价很低的东西，变成一个社会效益、经济效益更好的东西。做设计一定要打破常规，天马行空，用你对这个设计独特的理解，用不一样的诠释方式，把它展现出来。

创新和突破是设计师的天职，没有不好的项目，只有不好的设计。设计就是把一大堆问题掩盖下的项目亮点放大再放大，化腐朽为神奇，并在造价控制内通过设计的创意提升项目的价值，这也是设计师的价值。

一体化酒店设计

酒店是一个鲜活、有序的世界，酒店设计须保持这个世界的完整性。

酒店设计一体化有三个内涵：

第一，要从整体出发，规划、建筑、景观、室内设计和谐统一。做建筑一定要考虑客人在内部空间的感受；做室内一定要理解建筑对项目的控制和整体的效果。尤其是度假酒店，一定要和景观融合，搭建和自然之间的对话。

第二，酒店室内空间的一致性。一个好的酒店，从空间界面到软装陈设，甚至到酒店用品、员工制服，都应在一个整体创意的基础上协调统一。

第三，酒店后台，隐蔽的机电和灯光也应与整体空间相对应，和谐共存。

01　02

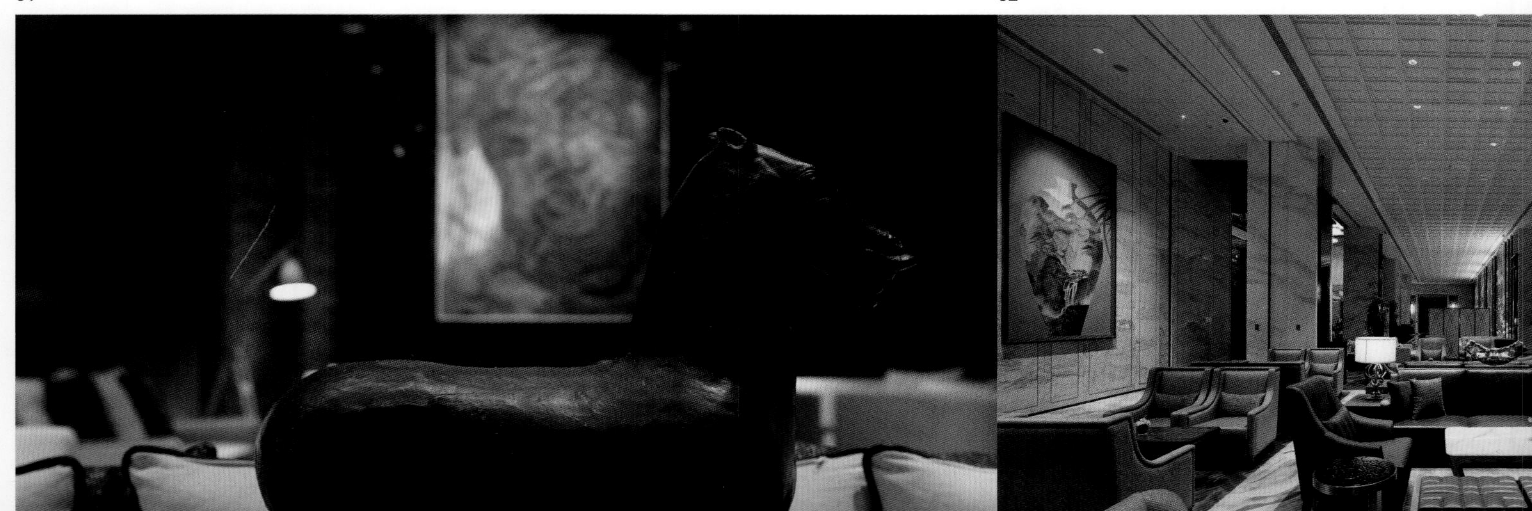

01
深圳回酒店大堂艺术品
02
福州凯宾斯基酒店大堂吧
03
南京金鹰精品酒店大堂
04
南京金鹰精品酒店客房细节

传统的滋养和设计的变革

设计，最后比的不是技术，技术成分可能几年就解决了，最重要的是你的思想和角度、厚度，这和你吸收的文化有关系。人在有限的生命过程中，如何接纳传统、反思传统，去弘扬和变革设计文化，最后如何用当下普遍接受的美学理念，结合自身特有的美学思想，通过作品呈现出来，让人接受。

设计从来不是无中生有。华夏文明源远流长，传统文化博大精深，儒释道文化，诗歌绘画艺术，建筑园林技术，古人留下的器具，乃至流淌在血脉中的东方情韵与精神等，设计师自然地吸取其中丰富的文化养分，每一次爆发，就是灵感的火花。对于传统设计，取其精髓，创新求变；唯有思变，方能传承。

做吝啬的设计

对设计要吝啬一点，用最少的投入、最单纯的材料，或者用最低的造价达到合理的效果，这是很重要的，做酒店尤其应该这样。设计的成果就是资金、资源的累积，设计过程当然也是花钱的过程。方案过程中每一根线条，构思时的每一个创意，都关系到项目造价的改变。在地球资源有限的今天，力求通过简单、极致的设计，通过创意去改变空间的美感，创造项目的价值。

设计的分寸与境界

设计的好坏实际就是分寸的把握，每一个项目综合各种因素后，设计创意不多不少，空间处理不重不轻，造价控制不多不少，这就是设计的分寸。设计有三重境界：人性、艺术性和神性。当设计做到功能合理，好用、实用是人性；看起来很美，令人舒服、愉悦，这是精神性；而进入空间有一种摄人心魄的力量，就达到了神性。

项目分享

南京金鹰精品酒店，它所处的位置很好，但是它旁边就是皇冠，所以我们就做差异化产品，定位为精品酒店。精品酒店有两个内涵，一个是极强的设计感，还有一个就是有主题。民国时期是南京一段非常重要的历史，会唤起人们对那时国家苦难深重的记忆，希望国家更加强盛。我们借助南京民国时期著名的人物张謇（实业家、教育家）的故事使这个作品很有南京特色的同时，也拥有中国东方情韵。

石梅湾威斯汀度假酒店，离海很近，背后是一片从清朝光绪年间便受到官府保护的珍贵青皮林地。我们以“青皮林探秘”为主题，将青皮林中的植被、水源的自然分布巧妙地搬进酒店大堂，提取青皮林天然斑块、树干等元素，临摹于屏风、地毯、墙面之上。

03

04

01

01
西安凯悦酒店外观

西安凯悦酒店坐落于曲江南湖之畔，坐拥美丽湖景，酒店设计以盛唐文化为背景，展现园林式设计风格。

福州凯宾斯基酒店，项目借鉴福州特色的漆画、石雕、木雕等工艺美术，采用寿山石为灵感设计。

西双版纳喜来登酒店设计在孔雀身上找到美，多处运用孔雀羽毛元素。昆山金鹰尚美酒店提取流丽悠远的昆曲文化精髓，结合江南水乡的自然风光，打造出主题鲜明的城市商务酒店。三亚海棠湾的 9 号度假酒店的设计灵感来自于海南独特的黎族文化。

深圳回酒店是我们自己投资的项目，当然要省钱，还要盈利。要跟旁边的酒店竞争就要做出特色。我希望它还是一种自然的回归，听得到鸟的叫声，看得到山水，木架构造还有一些广东的老房子的味道。我们认为，热爱自然，对自然的尊重和追求，以及回到自然的状态，都很重要。

另外几个是我们正在做的项目，一个是泉州的洲际酒店。泉州是非常独特的城市，是海上丝绸之路的起点，也是功夫茶的发祥地，有白瓷和红房子的味道，我们就用红色和白色来诠释表达当地文化。还有正在向时尚方面发展的广州万豪酒店，采用典型的非常亲近和吝啬的设计概念，大堂吧几乎是以前同类空间面积的三分之一，但设计非常合理。重庆的希尔顿酒店抓住山城、两江的特点，采用山水桥的概念，营造江面云里雾里的氛围，希望体现出重庆的味道。义乌的香格里拉酒店设计特别细腻，具有亚洲东方的情调。

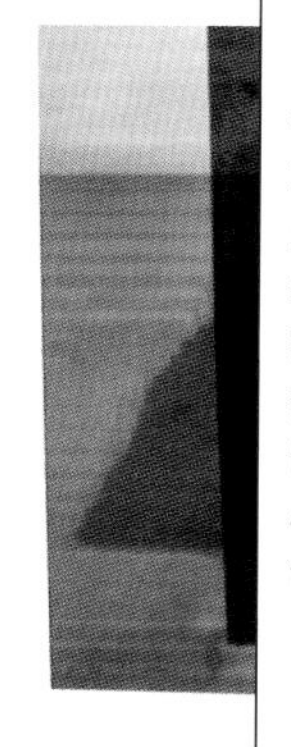

2017 年度中国室内设计影响力人物提名“诺贝尔瓷抛砖”巡讲活动火热进行

2017 年 7 月盛夏，中国建筑学会室内设计分会主办、杭州诺贝尔集团协办的 2017 年度中国室内设计影响力人物提名“诺贝尔瓷抛砖”巡讲活动分别在深圳、重庆、武汉和南京火热举办，活动受到当地及周边设计师的热烈欢迎，参与人数均超过 500 人，武汉站参与设计师达到 1000 人。

7 月 7 日，由第三（深圳）专业委员会承办的巡讲活动在深圳瑞吉酒店五层阿斯特大宴会厅举行。专业委员会主任倪阳先生和执行主任汪欣早先生，杭州诺贝尔集团总裁沈建法先生，诺贝尔陶瓷有限公司深圳分公司经理朱伟民先生以及深圳本地知名设计师秦岳明、陈岩、邹春辉等莅临活动现场，第三十（珠海）专业委员会主任黄墨和第五十一（中山）专业委员会主任白涛分别带领本专委会的设计师专程赶到活动现场，与现场的设计师和嘉宾热情交流。倪阳和沈建法分别致辞，《现代装饰》杂志主编陈雅男担任本次巡讲活动的主持人。中国建筑学会室内设计分会副理事长、J&A 杰恩创意设计董事长姜峰先生和中国建筑学会室内设计分会副理事长、ATENO 天诺国际创办人、“创基金”创始理事孙建华先生作为本次中国室内设计影响力人物提名设计师，分别作题为《无为而治》和《行吟 · 设计》的演讲。

演讲结束后，两位演讲嘉宾和深圳市社科院室内设计文化研究会执行会长陈岩、原英国福斯特建筑事务所主创设计师范铁、香港邹春辉建筑事务所总设计师邹春辉共同登台，主持人陈雅男就医疗养老项目的设计、设计与哲学的关系以及中国室内设计的现在与未来等问题，与嘉宾进行互动交流。

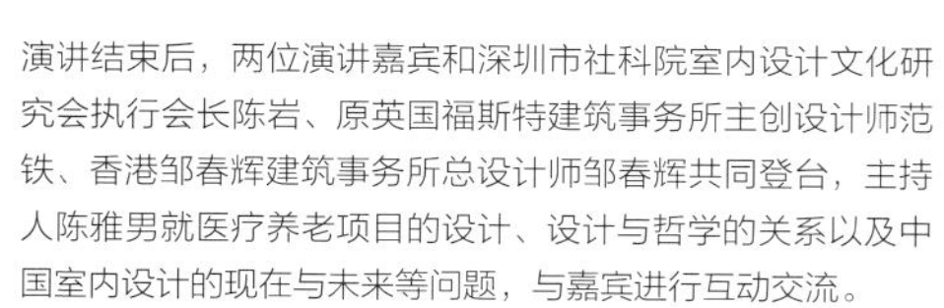

2017 年 7 月 13 日，由第十九（重庆）专业委员会承办的巡讲活动在重庆解放碑威斯汀酒店七层大宴会厅举行。中国建筑学会室内设计分会常务副理事长兼秘书长叶红女士，杭州诺贝尔集团副总裁周国跃先生，中国建筑学会室内设计分会理事、第十九（重庆）专业委会副主任赖旭东先生，第十九（重庆）专业委会秘书长屈慧颖女士，杭州诺贝尔陶瓷有限公司重庆分公司总经理章建芳先生来到现场。叶红和周国跃作嘉宾致辞，网易家居网主编胡艳力担任主持人。提名设计师 CNFlower 西恩花艺设计总监、杭州富春山居花艺顾问凌宗湧先生作题为《空间里的自然密码》的演讲，特邀演讲嘉宾 2011 年度中国室内设计十大影响力人物之一、中国建筑学会室内设计分会理事、唐玛（上海）国际设计创始人施旭东先生，带来题为《空间精神》的演讲。

活动最后，主持人胡艳力与两位演讲嘉宾以及赖旭东共同登台，与重庆的设计师们进行互动交流。三位设计师分别介绍了自己的设计现状和对将来的期望，并认真回答现场设计师关于自然和设计的提问。

2017 年 7 月 20 日，由第四十（武汉）专业委员会承办的巡讲活动在武汉万达瑞华酒店三层大宴会厅举行。中国建筑学会室内设计分会常务副理事长兼秘书长叶红女士，中国建筑学会室内设计分会理事、第四十（武汉）专委会秘书长李哲先生，中国建筑学会室内设计分会理事陈彬先生，中国建筑学会室内设计分会理事马威先生，杭州诺贝尔集团营销副总裁刘木荣先生，居然之家湖北分公司总经理卢治中先生，杭州诺贝尔集团武汉分公司总经理喻哲超先生，杭州诺贝尔集团宜昌分公司总经理王士明先生，2017 年度中国室内设计影响力人物提名设计师孙华锋先生、赖旭东先生悉数到场，美国《室内设计》中文版主编韩晓岚女士担任巡讲活动的主持人，近 1000 名室内设计师代表到场聆听演讲并参观展览。

本次活动演讲设计师上海禾易建筑设计有限公司、室内设计有限公司设计总监陆嵘女士发表题为《拈花一笑看设计》的演讲；中国建筑学会室内设计分会理事、杭州内建筑设计有限公司设计总监沈雷先生发表题为《设计 | 如一次友好的聊天》的演讲。

互动环节，沈雷、陆嵘、孙华锋、陈彬和赖旭东五位设计师共同登台，结合如何面对设计中不愉快的事情和设计迷茫期、中国设计界值得思考的现象等问题，提出各自的见解，就原创设计和创新设计为年轻设计师提出建议。

2017 年 8 月 10 日，由第十八（南京）专业委员会、江苏省室内设计学会、南京市室内设计学会承办的巡讲活动在南京万达希尔顿酒店三层颂庭宴会厅举行。中国建筑学会室内设计分会常务副理事长兼秘书长叶红女士，资深顾问劳智权先生，杭州诺贝尔集团营销副总裁刘木荣先生，杭州诺贝尔陶瓷有限公司南京销售分公司总经理郑世雄先生，中国建筑学会室内设计分会理事、第十八（南京）专委会主任陈卫新先生，第四十四（镇江）专委会主任张晓初先生，第十八（南京）专委会秘书长张乘风先生、副秘书长赵毓玲女士，第十二（苏州）专委会秘书长石赟先生，中国建筑学会室内设计分会理事高祥生先生、徐雷先生、徐敏先生、王厚然先生、邹学俊先生、杨颜江先生、陶胜先生和高轶女士， 2017 年度中国

室内设计影响力人物提名设计师赖旭东先生、孙华锋先生、沈雷先生，众多嘉宾莅临现场。《室内设计与装修 ID+C》杂志副主编孔新民先生担任巡讲学术交流部分主持人， 600 余名室内设计师到场聆听演讲并参观展览。

提名设计师中国建筑学会室内设计分会副理事长、河南鼎合建筑装饰设计工程有限公司首席设计总监孙华锋先生首先上台以《行者》为题发表演讲；随后中国建筑学会室内设计分会理事、重庆年代营创室内设计有限公司设计总监赖旭东先生，发表题为《在路上》的演讲。互动环节，提名设计师、武汉站演讲嘉宾沈雷先生和本场两位演讲嘉宾共同交流，见仁见智。

巡讲活动同期举办的 2017 年度中国室内设计影响力人物提名“诺贝尔瓷抛砖”巡展，以 18 位提名设计师各时期的代表作品以及他们一天 24 小时的日常生活安排为主要内容，并展示了每位设计师特别推荐的最值得阅读的书籍。从不同角度体现出设计师的工作、学习与生活情况，让到场的参观者更加深入地了解一位有所作为的设计师是如何炼成的，彰显出榜样的借鉴作用。

2017 中国手绘艺术设计大赛评审工作圆满结束

2017 年 7 月 20 日，第十四届中国手绘艺术设计大赛评审工作在京顺利举行。本届大赛从今年 3 月启动征稿，到 6 月 15 日结束，共征集 821 名参赛者的 911 幅作品，参赛单位共计 181 个。参赛作品内容广泛，包括各类建筑、室内与景观，表现技法多样，水彩、水粉、铅笔、粉笔、马克笔、钢笔等均有涉及。

此次大赛评审工作由中国建筑学会室内设计分会资深顾问劳智权主持，天津美术学院环境与建筑艺术学院院长彭军担任评审组长，与哈尔滨唯美源装饰设计公司、唯美环艺设计学校创办人王兆明，哈尔滨师范大学美术学院常务副院长张红松，重庆交通大学教师、重庆小鲨鱼手绘工作室负责人刁晓峰，LANGO北京朗戈建筑设计事务所合伙人赵杰组成评审小组。

评委根据手绘大赛的参赛条件及要求，依据公平、公正、公开的原则，并根据大赛预先设定的奖项、数量及参赛规则，按两大组别、分门别类进行评审。经过多轮的严格评审，共评选出以下奖项：成人组表现类一等奖 1 名，二等奖 2 名，三等奖 3 名，优秀奖 7 名；写生类一等奖 1 名，二等奖 2 名，三等奖 3 名，优秀奖 8 名。学生组表现类一等奖 2 名，二等奖 4 名，三等奖 6 名，优秀奖 95 名；写生类一等奖 2 名，二等奖 4 名，三等奖 6 名，优秀奖 146 名。

在评审过程中，评委一致认为：这次大赛仍然受到广大手绘爱好者的关注和支持，尤其在校学生的参赛热情依然很高，作品数量多、水平高，难能可贵。需要提示的是，部分学生

参赛者混淆了表现类与写生类，报错了类别，明年的竞赛中应特别注意。

手绘在设计创作中的作用不言而喻。手绘艺术设计大赛旨在推广手绘在设计中的运用，提升手绘表现的艺术性，并为广大设计师、在校学生及业余爱好者提供交流、展示与切磋的平台。作为主办方，大赛组委会衷心感谢各院校老师的精心组织和在职设计师的积极参与，并将继续努力，把赛事做得更好。

本次手绘大赛的颁奖典礼于 8 月 10 日下午在南京万达希尔顿酒店举行，获等级奖的设计师及学生受邀参加，广大设计师积极参与。

中国室内

设计支持机构

ATENO 天諾國際

ATENO 天诺国际设计顾问机构
www.ateno.com
0592-5085999

环境 · 室内设计中心

北京建院装饰工程有限公司
www.biad-zs.com
010-88044823

J&A
杰 | 恩 | 设 | 计
JIANG & ASSOCIATES

J&A 杰恩设计公司
www.jaid.cn
0755-83416061

清華工美

北京清尚建筑设计研究院有限公司
www.qingshangsj.com
010-62668109

华建集团上海现代建筑装饰环境设计研究院有限公司
www.sxadl.com
021-52524567 转 60432

广西华蓝建筑装饰工程有限公司
www.hualanzs.com
0771-2438187

YANG

YANG 设计集团
www.yanghd.com
0755-22211188

trendzône DECORATION
全 築 股 份

上海全筑建筑装饰集团股份有限公司
www.trendzone.com.cn
021-64516569

广州集美组室内设计工程有限公司
www.newsdays.com.cn
020-66392488-129

深圳假日东方室内设计有限公司
www.hhdchina.com
0755-26604290

汤物臣·肯文创意集团
www.gzins.com
020-87378588

苏州金螳螂建筑装饰股份有限公司
www.goldmantis.com
0512-82272000

深圳市朗联设计顾问有限公司
www.rongor.com
0755-83953688

中国建筑设计院有限公司环艺院室内所
www.cadg.cn
010-88328389

石家庄常宏建筑装饰工程有限公司
www.changhong.cc
0311-89659217

苏州苏明装饰股份有限公司
www.smzs-sz.com
0512-65799685

中国中元国际工程有限公司
www.ippr.com.cn
010-68732404

苏州和氏设计营造股份有限公司

www.hisdesign.cn
0512-67157000-1001

苏州和氏设计营造股份有限公司 / 上海 / 新疆 / 深圳 / 株洲 / 西安 / 成都 /
苏州工业园区新发路18号 / Zip：215125 / Tel: 0512－67155966 / 0512－67157000 / Fax: 0512－67157333
400-855-1699
全国免费咨询热线
www.hisdesign.cn
详细内容敬请登录
规划馆升级改造
全新力作
和氏設計
HIS DESIGN
苏州高新区展示馆